TURING 图灵新知

物理女孩
弦论女孩的
物理世界

周思益 杨致远 柳俊含 —— 著　　高 盈 —— 绘

人民邮电出版社
北　京

图书在版编目（CIP）数据

物理女孩：弦论女孩的物理世界 / 周思益，杨致远，柳俊含著；高盈绘. -- 北京：人民邮电出版社，2024.4

（图灵新知）

ISBN 978-7-115-64063-5

Ⅰ. ①物… Ⅱ. ①周… ②杨… ③柳… ④高… Ⅲ. ①物理学–普及读物 Ⅳ. ①O4-49

中国国家版本馆CIP数据核字(2024)第063412号

内 容 提 要

本书从主人公的日常学习、生活出发，通过生活中各种科学现象，提出问题，解释其背后的科学知识和原理。书中主人公热爱物理学，充满探索欲与求知欲，人物色彩鲜明。故事构思精巧，人物对话生动，富有生活情趣。故事主题覆盖衣食住行等各个方面，比如跷跷板的原理是什么、为什么"大漠孤烟直"不总是对的、为什么太阳会变成弯弯的、时间是什么、为什么杯口的水是弧形的、为什么瓶底的番茄酱不好倒、为什么空调必须安装在高处、为什么说宇宙是"一锅热汤"，等等。

◆ 著　　　　周思益　杨致远　柳俊含
　　绘　　　　高　盈
　　责任编辑　魏勇俊
　　责任印制　胡　南

◆ 人民邮电出版社出版发行　　北京市丰台区成寿寺路11号
　　邮编　100164　　电子邮件　315@ptpress.com.cn
　　网址　https://www.ptpress.com.cn
　　北京宝隆世纪印刷有限公司印刷

◆ 开本：880×1230　1/32
　　印张：5.75　　　　　　　　2024年4月第1版
　　字数：118千字　　　　　　2024年4月北京第1次印刷

定价：69.80元

读者服务热线：(010) 84084456-6009　印装质量热线：(010) 81055316
反盗版热线：(010) 81055315
广告经营许可证：京东市监广登字20170147号

序言

这是一本真正写给小朋友的物理书，也是一本写给童心未泯的读者朋友的物理书。

我读过很多物理科普书，自己也写过两本。不过就我的所见、所知、所著，这些科普书或以作者视角，或以科学史视角，或以科学家视角，或以科学逻辑视角展开。一本纯粹以小朋友的视角展开的科普书，实在是令我耳目一新。

当然，小朋友的视角，不仅是以小朋友为书中的主人公，更特别的是，本书作者周思益教授以一颗童心，为小朋友们说出他们想说的话，做出他们想做的事，借小朋友的言行，讲解小朋友能理解的科学知识。

周思益不仅是任教于名校的副教授，也是短视频平台上拥有百万粉丝的大 V。她科普短视频的招牌开场，就是"小朋友们，大家好"。周思益的短视频深得小朋友们（以及很多大朋友）的喜爱，因此，她在网上被戏称为"弦论幼儿园的园长"。或许这个称号不仅是戏称，因为周思益的周围，也确实有一大批被她吸引的爱好科学的学生，其中有不少十分优秀的初高中学生。周思益不仅自己写科普文章，也和他们交流，带着他们写科普文章，甚至带着他们做科研。其中一些学生，也为本书的写作提供了很大帮助。我觉得，只有这样的一位老师，带着一群这样的学生，才能写出这样一本书来，让小朋友读起来，就像是邻家的玩伴在给他们讲故事一样。

虽然本书行文的视角、语气，以及故事中展现出来的想法，都充满童真，但是，本书讲起科学来，一点也不含糊。本书的科普内容以物理学知识为主，涵盖力学、热学、光学、电学、粒子物理、宇宙学等极其广泛的内容，也涵盖了一些化学内容、科学家（文中主人公的爸爸妈妈）的生活，以及难以按照学科进行划分的科学思想。除了在故事中对科学知识进行软性的介绍外，书中还借老师、爸爸妈妈之口，对科学知识进行更严谨的讲解，并且提供延伸阅读，帮助读者拓展思路，举一反三。

本书的另一大特色就是无处不在、独树一帜的幽默风格。书中的小朋友和大朋友们，每一位都不是只会讲知识的工具人，而是有优点、有缺点、有爱心、偶尔喜欢"互黑"一下的有趣人。这个世界上，有爱又有趣的人本来就少见，这么多有爱又有趣的形象跑到一本科普书里，简直就是见所未见了。

所以，我读这本书，就仿佛回到了初中、小学的时光，在和同学玩耍的时候学到了知识。相信对小朋友们而言，这本书中的知识，就仿佛生长在他们的生活之中，就仿佛结满果园的成熟果实，不再艰涩，任君采撷。这本书实在独特，我把这本书强烈推荐给所有的小朋友，以及喜欢小朋友的大朋友。

王一

2023 年 12 月 9 日于香港科技大学

自序

很高兴我一直以来梦想中的小说终于和大家见面了。

在做科普的过程中，我逐渐意识到，给大家普及一些小学、初中的科学知识是提升全民科学素养最重要的途径之一。学科学要从娃娃抓起，这是为什么？因为孩子处于最有好奇心、最有想象力的年龄段。他们对一切未知事物保持着好奇心，什么事情都爱问个为什么。

我想起在华科附小讲公开课时的一次经历。当时，台下坐着500多名小学生，我并没有准备，就即兴演讲了。当时只找到了给研究生讲引力波的一个课件，于是我开始了一个挑战：在没有任何准备的情况下，给小学生科普引力波。

效果出人意料地好，我怀疑这些孩子对一些事情的理解超越了研究生。为什么？他们爱思考，爱提问，爱学习。

当时我提了这样一个问题：为什么探测引力波需要LIGO、Virgo两个探测器？台下的小学生回答说，因为两个探测器可以互相检查对方有没有搞错。显然他们当时是听了我讲的另一个故事：韦伯做了一根共振棒来探测引力波，但至今没有任何实验能够重复出他的结果。如果我们有两根共振棒，那么我们就可以让它们交叉检验，就能知道韦伯的实验是不是做对了。

但是建造两个探测器的意义，并不仅仅是互相检查那么简单。我于是提示他们："你们再想想看，还有什么作用？"

台下有个孩子的爸爸，是物理专业的教授。他转过头，对孩子说："你闭上一只眼睛。"

孩子用一只手蒙住了眼睛。爸爸接着竖起了一根手指头，对孩子说："来，你来点点我的手指头。"

孩子试了好几次，总是找不准爸爸手指头的位置。

那个孩子突然想明白了，他说，这两个探测器相当于人类的两只眼睛，只有建造两个探测器，我们才能对发射引力波的波源进行精准的定位。

小说中波波、粒粒的原型，就是这群高级知识分子爸爸妈妈，他们会在日常生活中告诉孩子这些科学道理。

小说中的爷爷的原型是我的爷爷。他曾是一名高中物理老师，特别善于制作物理实验教具，甚至把库仑扭秤给做出来了，在当时科技落后的年代，能实现那么高的测量精度，真的非常了不起。我的物理启蒙老师就是我爷爷。因为喜欢爷爷，喜欢爷爷讲的物理知识，五六岁的时候，我就有了长大要当科学家的理想，以至于上了大学，选择了理论物理这个专业。

爷爷的另一个身份是网红。他在短视频平台上开设的"经典爷爷"账号，刚发出 6 个视频，粉丝就已经涨到了 1 万。我当时觉得爷爷不够高产，催他随便讲些知识就好，多发视频多涨粉。但是他不同意。他说，要做就要做精品。他的每句话都字斟句酌，每个实验的仪器都会花一个月的时间准备，有时候他甚至整晚整晚不睡觉，琢磨怎么把一个物理原理讲解透彻。

当时一名平台运营人员火火，特别喜欢爷爷，说爷爷是科学怪人弗兰肯斯坦。我看他也是，我小时候他经常对着我做各种怪相，演示各种稀奇古怪的实验；爷爷也有点像《百年孤独》里面的吉卜赛人。总之，你总是想象不出他的屋子里有什么神奇的东西。

小说里爷爷的原型还有一个，就是我的"学术爷爷"。如果说导师是我爸爸——一日为师，终身为父嘛——那么导师的导师当然是爷爷辈了。我的博士生导师是王一，香港科技大学副教授、博导。我的博导的博导是李淼，现在已经退休了，是国家"杰青"，也是"初代科普网红"。今年的诺贝尔物理学奖颁给了阿秒，我灵机一动，想了个"谐音梗"——今年的诺贝尔物理学奖颁给了阿淼。希望有一天，李淼老师能得诺贝尔奖，那我也许就是中国第一个诺贝尔物理学奖得主的再传弟子了。

小说里的姥爷就是我的姥爷。他是个书法家，当时我去华科附小讲公开课，他送了我一大堆印有他的书法作品的书签。演讲中，正确回答问题的小朋友有奖，书签很快就被小朋友抢光了，非常受欢迎。当时姥爷也坐在下面听我的课，回了家就给姥姥讲了我讲的知识，这说明我讲的东西，不仅受到小朋友的喜爱，也受到了"老朋友"的喜爱。事实上，我的幼儿时光，是在姥爷家度过的。他教会了我怎么算 100 以内的加减法，以至于我上小学的时候听数学老师讲课都有些不耐烦，因为我没办法明白为什么那么简单的东西要讲那么半天。他还教我认识了 5000 多个汉字，我幼儿园的时候就已经能看不带拼音的书了，比如说《皮皮鲁传》《鲁西西传》，上了小学就看完了当时已有的全套郑渊洁童话和"哈利·波特"系列，上初中就开始看英文原版小说"哈利·波特"系列、《指环王》和《暮光之城》了。

我相信最好的教育一定是家庭教育，合格的父母一定能够发现孩子热爱什么并且给予充分的指导。看了这本书，或许你能发现或亲手种下孩子心中热爱科学的种子，并灌溉出一朵茁壮成长的科学之花。

在此，我衷心感谢我的博士生导师，香港科技大学的王一教授。在本书创作的初期，他提供了许多宝贵的改进建议，并分享了有趣的习题和丰富的背景知识。同时，我要向李淼老师表达我的谢意，他在科学和科普方面给予了我悉心的指导。此外，我还要感谢王恩老师、李政阳老师、陈星龙，他们为本书的审阅修正付出了辛勤的努力。感谢本书的编辑魏勇俊老师、宇文之怡老师对文稿批阅增删数次，有了他们的支持才有了本书的顺利出版。我也要向严伯钧老师、袁岚峰老师、朱一明老师、妈咪说科普的周哲老师和李永乐老师表示诚挚的谢意，我从他们的科普视频中汲取了丰富的知识，并学会了用通俗易懂的语言向孩子或非物理专业人士介绍物理知识的方法和技巧。

周思益

2023 年 12 月 9 日星期六于武汉家中

人物介绍

静静

　　静静是一个文静的小女孩，虽然年纪不大，但是从小就对物理学表现出了浓厚的兴趣。受到家庭教育的影响，静静热爱学习，喜欢思考，善于观察，总是能从生活中的寻常现象里探寻其背后的科学原理。静静的物理直觉非常棒，并且充满童真，对物理有着非常纯粹的热爱。

波波
（爸爸）

　　静静的爸爸叫波波，是个宇宙学家，同时也是个古文爱好者。波波是个工作狂，一心扑在科研上，在生活中有些不修边幅。

粒粒
（妈妈）

　　静静的妈妈叫粒粒，是个粒子物理学家。和波波一样，粒粒也是个工作狂，但是她更有生活情调，喜欢弹奏钢琴。粒粒对静静的教育很上心，在静静很小的时候就给她讲有趣的物理知识，这使得静静从小就对科学产生了兴趣。

阿淼
（爷爷）

　　静静的爷爷叫阿淼，是个中学物理老师。他总是在自己的房间里鼓捣各种实验仪器，因此他的房间总是乱糟糟的。但是静静很喜欢爷爷的房间，因为在这里可以学到有趣的物理知识。或许是被"传染"了，小时候的静静和爷爷一样，头发也总是乱糟糟的。

姥爷

静静的姥爷是个语文老师，喜欢诗词歌赋，也是个书法爱好者。

可可

可可是静静的同学，是一个微胖又憨厚可爱的男孩。可可是一名美食爱好者，喜欢与朋友们分享美食。每次与静静分享美食，可可都能从中学到有趣的知识。

木木
（可可爸爸）

可可的爸爸叫木木，擅长做木工。他做出来的木制品精巧漂亮，而且里面还蕴含了许多物理知识呢，静静和可可都从中受益匪浅。

电电
（可可妈妈）

可可的妈妈叫电电，是一名电气工程师。

目录

第一章

静静的玩具世界

1.1 我想静静

那是静静有生以来头一次焦躁不安。静静一家住在校园里,这座校园号称全国最美的校园,尤其是樱花格外让人赏心悦目。每当四月樱花开放的时节,全国各地的游客都争相来学校赏樱。静静家门口就种了好几排樱花,因此每年这个时候家门口便会人山人海,静谧的校园也总在这个时节变得热闹起来。在校园中待了许多年的静静自然是习以为常,每年的这个时候,静静周末总是在家独自学习,窗外的喧闹声丝毫不会影响到她。

但这次不一样了,一个奇怪的声音打断了她的思考。这声音巨大无比,仿佛轰鸣的雷声一般。每一次声音响起的时候,静静似乎都能感觉到空气的震动,好像能看见杯子中的水也在震动。轰轰轰的声音不绝于耳。她不知道这是什么声音,更不知道该如何消除这个声音。这个声音让她无法思考,让她无法安静下来。她从椅子上站起来,不知道该干什么,只能来回在屋里踱步。

那声音始终没有消失。静静只好躺在床上,她想睡觉。如果睡着了大概就不会听见这些声音了吧?她心想。但那是个周日的中午,她就算拉上窗帘,也没有办法睡着,她从来没有午睡的习惯。

于是她打开房门,去找爸爸妈妈。

"怎么了?"爸爸看见静静进来了,将视线从电脑上面移开,转头

看着静静。旁边的妈妈也注意到了静静,停下了正在敲击键盘的手。

"你们没有听见声音吗?"静静问他们。

"什么声音?"爸爸问。

"啊,那个声音!"妈妈这才突然注意到隔壁装修的屋子里发出的轰轰隆隆的电钻声。

"噢,那个声音!"爸爸也突然听见了。

"唉,你不说我还没注意到那个声音呢。"妈妈有些懊恼地说。她发现,现在她听见了,那个声音就消失不了了。这时候爸爸显然也发现了同样的事情。

"回屋学习吧,静静。妈妈最近要评教授,有很多工作要赶着提交呢。"说完,妈妈把椅子转了九十度,又开始盯着电脑屏幕上的论文沉思起来。

妈妈的名字叫粒粒,是个粒子物理学家。

"对呀,爸爸最近也有一大笔经费需要申请,没时间陪你聊。你快回去学习吧,乖啊。"爸爸除了研究物理,也是个古文爱好者,时不时会舞文弄墨地来几句诗词古语。这时候,他对静静说:"'与善人居,如入兰芷之室,久而不闻其香,则与之化矣;与恶人居,如入鲍鱼之肆,久而不闻其臭,亦与之化矣。'久而久之,你就不觉得吵啦。快回去学习吧!"

爸爸的名字叫波波,是个宇宙学家。

延伸阅读

1. 能不能发明一种装置，让静静能真的静静呢?

　　最简单的装置其实简单得出奇，就是耳塞，把耳朵塞上，听到的声音就变小啦。但是，因为声音就是空气中的声波，我们还可以做得更好。如果我们戴上一种"聪明"的耳机，这种耳机先分析电钻发出的声波，再发出振动幅度相等、方向相反的声波，刚好抵消电钻的声波，这样我们就听不到电钻的声音了。其实，这种耳机已经有了，就是降噪耳机，同时具有被动降噪（堵住耳朵）和主动降噪（发出反向声波）的功能。当然，现实世界中的降噪耳机不能完全抵消噪声，不过把噪声大大减弱也是好的。

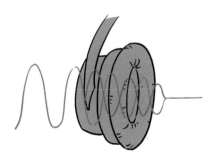

主动降噪耳机原理

可惜静静没有降噪耳机。但其实每个人都有让自己静静的装置，就是自己的大脑。当你专注于其他事情的时候，你对噪声就没那么敏感了。这就是人脑内部的注意力机制。有很多因为专注于一件事情而忽视其他事情的美谈。例如《论语·述而》中记载："子在齐闻《韶》，三月不知肉味，曰：'不图为乐之至于斯也。'"（也有学者断句为"子在齐闻《韶》三月，不知肉味"，或许和本节内容更贴合。）孔子欣赏音乐到了连肉味都注意不到的程度。据说爱因斯坦曾因为专注于讨论物理问题，没注意到正在吃的就是他已经馋了很久的鱼子酱，他还因此感到懊悔呢。

2. 为什么声波可以互相抵消？

当两束声波相遇时，会发生干涉。如果波峰与波谷相遇，会发生相消，简单理解就是会互相抵消掉；但是如果波谷与波谷或者波峰与波峰相遇，就会发生相长，简单理解就是互相叠加，就像下页图表现的那样。

降噪耳机的原理是发出与外来声波振幅相同、方向相反的声波，这样刚好波谷对波峰，声波就互相抵消掉了。

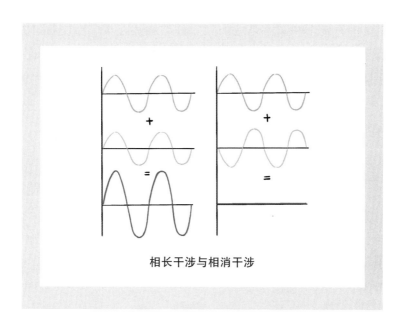

相长干涉与相消干涉

1.2　陈旧的相册

静静突然有一种闯祸了的感觉。她默默地退回自己的房间。那个声音挥之不去，就算把门关上也无济于事。静静没有办法学习，于是开始翻家里的各种东西。突然，她的目光被一个看上去很陈旧的相册所吸引。相册表面已经布满了灰尘，静静小心翼翼地将灰尘擦掉，翻开了相册。相册里，相片右边是一行行颤颤巍巍写下的字迹，静静认出来了，那是奶奶的字，讲的是跟左边的老相片有关的故事。相册的底下是一个很旧的笔记本，静静打开一看，上面是另一种字迹，讲了一些物理学的知识。静静认出来了，那是爷爷的字迹，有的东西好像正是静静最近在学习的内容，于是她把相册和笔记本都拿回屋子看了起来。

相册的第一页是个很小的小女孩。静静认出那是她自己，因为妈妈之前给静静看过静静小时候的照片。相册上的小女孩紧紧地抓着一根电线，眼睛也盯着电线。周围有很多其他的玩具，芭比娃娃、钱包、彩色笔……还有几个大一点的小朋友在旁边爬，抓着其他的玩具玩。几位老人和中年人在旁边盯着孩子们看，头凑在一起，似乎在交谈着什么……

"这孩子以后肯定很有出息！"一个满头白发的六旬老人压低了嗓门，跟另一个头发灰白相间的老人说。

满头白发的老人是静静的姥爷。他是一名语文老师，看过很多的书，平时经常在家朗诵诗词。他家里的各种家具都是木制的，虽然制作不那么精良，但总被他打扫得干干净净，桌上总是放着笔墨纸砚。他每天最喜欢干的事情就是在桌上铺一张纸写毛笔字。墨总是他自己磨的，虽然麻烦，但他喜欢墨跟砚台摩擦的时候发出的声音。每当遇到让他比较有感触的事情，他便会即兴赋诗一首，再用毛笔写下来。逢年过节的时候，姥爷总是会收到很多人的请求，他们希望姥爷给他们写几个字，好装裱起来，挂在客厅里。

头发灰白相间的老人是静静的爷爷，他叫阿淼，是一名中学物理老师，平时在家喜欢捣鼓各种稀奇古怪的东西，家里面到处散落着各种电线。大家都不太喜欢去他的房间，因为觉得他的房间太乱了。有时候他的学生到了他家里，帮他收拾一下房间，但是刚收拾过没多久，房间又变得一团乱麻了。不过他似乎从来没有被这件事情所困扰过，房间里的杂乱无章好像并不影响他做事的效率，他总能飞快地找到自己需要的东西。有时候他的朋友会开玩笑地说他的房间乱糟糟的，他哈哈大笑，说："我的房间的熵总是增加的。"他的朋友总是会被他逗得笑得停不下来。

"哈哈哈，是吗？"爷爷用同样低的嗓门说，"她还是个孩子呢，这么说太早了吧？"说着，目光仍然离不开静静。静静的头发乱蓬蓬的，衣服也脏兮兮的，这主要是因为她平时常常不知不觉就出现在爷爷的房间里面，爷爷的房间里总是有各种机械的润滑油、实验用的铁屑等散落在地上，静静在里面玩的时候就会蹭上这些东西。

"三岁看大，七岁看老嘛。你看她多专注，盯着电线看了那么久，不玩别的。其他那些很吸引别的孩子的东西，她都一副不屑一顾的样子。"姥爷也盯着静静，继续说。

爷爷轻轻接近静静，手慢慢接近电线，试图把电线从静静的手里拿过来。但是他没有成功，静静的手握得紧紧的。爷爷心里有些吃惊，平时要从静静手中拿过筷子、勺子的时候，静静从来没有这样用力握紧过，这电线怎么被静静如此青睐呢？

爷爷放弃了努力。但过了一会儿，他脑子里仿佛灵光一现，于是他直起身，去了另一个房间。姥爷不知道爷爷这回又要耍什么小把戏，但是他十分期待，因为这个老头儿每次都会有让人惊讶的神奇"表演"。

爷爷再次出现时，手里多了一个小灯泡、一个开关和一节电池，还有若干电线。爷爷轻轻坐到了静静的旁边，熟练地把这些东西组装起来。

现在就差最后一根电线了，静静手里的那根。

爷爷把那根电线的一端接在电池的负极上，一端接在小灯泡上，小灯泡的另一边连接着开关，开关又连接着电池的正极。然后爷爷引导静静的手接近开关。

静静用力压了一下开关。

姥爷分明看见静静的眼中闪烁着光芒。

延伸阅读

1. 什么是熵?

"熵"这个汉字是近代著名物理学家胡刚复教授于 1923 年创造出来的,到今天已经成为物理学中的标准术语。熵就是一个系统混乱程度的度量值。打个比方,刚刚摆放整齐的一副麻将的熵就很小,而在哗啦哗啦洗牌的时候,它们的熵就很大。再比如,我们生活中常见的由咖啡和牛奶调制而成的拿铁,在刚混合的时候,牛奶和咖啡不会一下子就完全融合,这时候系统的熵还比较小;但是随着时间的推移,牛奶和咖啡逐渐完全融合在一起,在这杯拿铁系统中,熵就在逐渐增大。

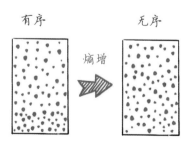

熵增的过程

　　热力学第二定律告诉我们，在没有外界干扰的情况下，任何一个孤立的系统，混乱程度只会增大，不会减小。如果你现在不小心打碎一面镜子，那么它不可能自动恢复原状，"破镜重圆"只是人们的美好期许。假如我们试图在海边堆一个具有规则形状的沙堡，那么海浪很快就会把它打散，沙子会重新回归无序的状态。

　　其实隐藏在这一规律背后的是概率。假如我们将一定数量的沙子的所有排列方式都列举出来，对比出现形状规则的沙堡的概率和出现一片散沙的概率，很显然后者远大于前者。这就不难理解为什么在没有干预的情况下，沙子倾向于四处散乱堆积，而不是自己形成一个形状规则的沙堡。同样的道理，爷爷的房间总是倾向于一团乱麻，而不是整洁有序。

　　那么，在整体熵增的情况下，有没有可能实现局部熵减呢？这是可以的。比如爷爷的房间乱了，我们收拾一下，它就会变整洁，这就是一种局部熵减。不过局部熵减是要付出代价的，我们收拾房间就要耗费自己的能量，而这些能量是从食物中获取的。这样一算，整体的熵还是增大了。

2. 什么样的电是安全的?

电是安全的吗？如果你见过被闪电击中的树木，知道闪电和我们生活用电的产生原理都是电荷移动，你就一定知道，不是所有的电都安全。那么，对人来说，什么样的电是安全的呢？

就像我们扣动水枪的扳机，把水压出来，用力越大，水压越大，水喷得越远，对电来说，也有类似的电压的概念。电压的单位是伏特（简称伏，符号为 V）。多少伏的电压对人是安全的呢？这取决于是直流电（安全电压高一些）还是交流电（安全电压低一些），环境是干燥（安全电压高一些）还是潮湿（安全电压低一些），接触电压的人是健康（安全电压高一些）还是有心脏或神经系统疾病或者有皮肤破损（安全电压低一些），还与为极端情况留出的安全余量有关系。根据我国安全电压相关标准，最苛刻的标准为 6 伏（特低电压），相当于四节普通干电池串联得到的电压。

那么，是不是我们用电的时候，电压越低越好呢？也不是。我们可以想象一下，如果水龙头里的自来水水压特别低，我们的生活会很不方便。电压也是一样。家里插座提供的 220 伏交流电，就远高于安全电压，所以家用电器一定要做好绝缘和必要的接地，也尽量不要湿手操作。其实，家用的220伏电压通常也是从发电站传输过来的高压电经过降压得到的。这是因为在电力传输过程中，高压输电可以降低损耗。我国的特高压输电技术世界领先，这是几代电力工程师和科研工作者智慧与汗水的结晶。

3. 电路的基本概念和相关知识

要想电路能通电，需要两个条件。一是要有电源，电池就是生活中常见的电源。电荷的定向移动形成电流，科学家规定，正电荷的运动方向为电流的方向，所以电流是从电源正极流向负极的。二是要构成闭合回路，确保电流从电源的正极传出，最后能回到负极。要构成闭合回路，就要闭合电路中的开关。如果开关是断开的，那么整个电路就是断路，没有构成闭合回路。所以静静闭合开关的时候，形成了闭合回路，灯泡才亮起来。

灯泡在电路中充当用电器的角色。一个电路中一定要有至少一个用电器，否则电源会被短接、烧坏。电路中用电器两端不能直接连在同一根导线上，否则会被短路。断路和短路都是电路中常见的故障。

　　电路还可以分为串联电路和并联电路。串联电路就是电流只有一条路径，如果串联电路中有一处断路了，则整个电路断路；但是如果有一个用电器短路，则只短自己，其余的用电器还会正常工作。并联电路中电流有多条路径，通常会分开后再聚到一条路上，分开时走的路称为支路，分开前和聚到一起后走的路称为干路。如果有一条支路断路，则只断自己，其余的支路和干路仍然导通；但干路断路了，整个电路就都断路了。而如果一条支路短路了，则所有相应的支路都不能正常工作。

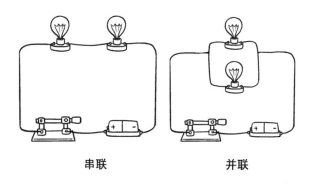

串联　　　　　　　　　并联

1.3 跷跷板

"静静天天待在家里玩电线是不是不太好啊?"姥爷有些担忧地问爷爷,"你是不是该带她出来玩玩? 你看别的小朋友玩得多好啊!"

"哈哈,她玩电线可开心了,你让她出来玩她还不乐意呢。"爷爷摇摇头。

"也要带她出来活动活动嘛,我还想抱抱她呢。"姥爷不再掩饰自己的真实想法。

"好啊,她是该多出来走走,锻炼锻炼身体的。"爷爷随即转过身,"你在这里等等啊,我马上带她下来。"

没过多久,爷爷就领着静静下来了。三人在周边到处转了转,在一个跷跷板前面停了下来。

静静很快坐上了跷跷板的一边。爷爷坐在她后面,姥爷坐在另一边。

空气中长久地回荡着两位老人和一个小女孩的笑声。

"快回来吃饭!"小女孩循着声音传来的方向望过去,看见一个熟悉的满头白发的老奶奶的笑容,那是静静的姥姥。

　　"抱歉啦，我先走了，你们也赶紧回去吃饭吧！"姥爷从跷跷板上下来。他动作十分缓慢，生怕突然站起来，静静那边会一下子撞到地上。但很显然他的担心是多余的，爷爷的脚稳稳地落在地上，身体缓缓降低，确保他和静静这边安全地落下。

　　静静和爷爷目送姥爷离开后，爷爷从静静这边下来，走到了另一边，双手轻轻一压，就把静静翘起来了。之后，他在那边坐下。

　　静静发现，她无论如何都一直悬在空中，下不来了。她不断变换着姿势，却还是下不来。静静有些疑惑，为什么爷爷跟自己坐在一起的时候能把姥爷翘起来呢？她想了一会儿，没有得到答案。但是显然一直在空中没那么好玩，她得想办法把坐在另一头的爷爷翘

起来。她有些着急，于是从跷跷板上跳了下来，跑到跷跷板后面，双手紧紧抓住跷跷板，试图用手把她这边压下来。但无论如何使劲，她还是压不下来。后来，她甚至使上全身的力气，双脚离开了地面，仍然无济于事。

"哈哈哈，让我来帮你。你看，我往前坐一点就可以啦。"说着，爷爷缓缓地从跷跷板上面下来，坐到靠前一些的位置上。

跷跷板平衡了起来，静静惊喜地发现自己能把跷跷板压下来了。她爬上去坐下，跷跷板又能一翘一翘的了。

延伸阅读

1. 杠杆与杠杆原理

杠杆的定义很简单，一根硬棒，在力的作用下如果能够绕着一个固定点转动，这根硬棒就是杠杆。杠杆可以是直的，也可以是弯的，但它一定是不可变形的。我们描述一根杠杆，通常有五个要素：第一是支点，就是杠杆绕其转动的那个固定点；第二是动力，动力是使杠杆转动的力；第三是阻力，阻力是阻碍杠杆转动的力；第四是动力臂，动力臂是从支点到动力作用线的距离；第五是阻力臂，阻力臂是从支点到阻力作用线的距离。

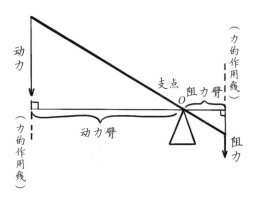

杠杆示意图

　　杠杆还可以分为三类。动力臂大于阻力臂的叫作省力杠杆。生活中常见的省力杠杆有羊角锤、剪刀等，特点是省力，但是费距离，动力臂会比较长。动力臂小于阻力臂的叫作费力杠杆。生活中常见的费力杠杆有筷子、钓鱼竿等，特点是省距离，但是费力，阻力臂比较长。动力臂等于阻力臂的叫作等臂杠杆，不省力也不费力。常见的等臂杠杆有天平等。

　　早在旧石器时代晚期遗存中，就有古人类利用杠杆原理制造工具的迹象。已知人类对杠杆原理最早的文字记载，出自战国时期的《墨子·经说下》，解释了杆秤的原理。古希腊的阿基米德也独立记载过杠杆原理，并说出名言"给我一个支点，我就能撬动地球"。结合我们以上讲到的知识，想一想，阿基米德撬动地球的这根杠杆是什么杠杆呢？

杆秤

2. 小计算

聪明的你应该很容易就能想到，阿基米德撬动地球用的杠杆是省力杠杆，你太棒了！下面做个小计算吧。杠杆平衡的条件为：动力 × 动力臂 ＝ 阻力 × 阻力臂。当这个条件满足的时候，杠杆就可以平衡了。假设静静的体重是 15 千克，爷爷的体重是 60 千克。如果忽略跷跷板的重量，那静静离跷跷板中心的距离是爷爷离跷跷板中心的距离的多少倍时，跷跷板才能平衡呢？

答案：4 倍

1.4　弯弯的太阳

这天，姥爷、爷爷和静静三个人坐在公园里。他们刚刚去篮球场打了篮球，但似乎只是爷爷和姥爷两个人在打。静静太矮了，怎么投球都投不到篮筐里面，只学会了拍球和运球。但是每次她正在运球的时候，就会被爷爷或是姥爷"狡猾"地从手里把篮球抢走。没一会儿，爷爷和姥爷都汗流浃背了，于是他们就去公园里面坐着休息。

"静静，我来教你背诗。"姥爷说，"单车欲问边，属国过居延。征蓬出汉塞，归雁入胡天。"

话音未落，只听静静说："大漠孤烟直，长河落日圆。萧关逢候骑，都护在燕然。"

姥爷吃了一惊，自己什么也没说啊，怎么静静就知道了？后来他想起来，是前些天静静的爸爸妈妈带着静静到自己家吃饭，自己在书房读过这首诗。他当时并没有想要教静静，但静静听到并且记住了。他不禁暗暗吃了一惊。

姥爷听完，对着静静说："我觉得这首诗里面写得最好的就是'大漠孤烟直，长河落日圆'这两句。特别是'落日圆'这三个字，看似平平无奇，实则意境悠远。太阳嘛，当然是圆圆的，但是你听到这句诗的时候就有了一种画面感，仿佛你真的置身于茫茫的大漠，看到了边塞奇特而壮丽的风光。那烽火台上飘起来的一股浓烟直冲云霄，旁边就是圆圆的太阳。如果你把这幅景象画成画的话，只需要简简单单的两笔，一笔直直的浓烟，一笔圆圆的太阳。就是简简单单的几何图形，却蕴含着一种雄浑的美感。"

爷爷仿佛想到了什么。他指着地上斑驳的树影对静静说："你知道这些阳光的斑点为什么是圆形的吗？"

静静低头看着那些圆圆的斑点，又抬头看看树。她心想，树叶的缝隙一定是圆形的吗？为什么阳光的斑点都是圆形的呢？她想了一会儿没想出来，于是看着爷爷。

爷爷掏出随身带的小本本，在纸上画出了一个太阳、一个小孔和一个站在地面上的小女孩。

"你看，太阳左边的光线会沿着直线传播，通过小孔之后会到地面上的右边；太阳右边的光线也会沿着直线传播，通过小孔之后会到地面上的左边。最后在地面上就会形成一个小太阳的形状。树叶之间有很多缝隙，每个缝隙都可以看成一个小孔。太阳光会通过这些小孔，在地上形成很多小太阳的形状。这就是小孔成像的原理。"

静静似乎听懂了，但是她又被另一个问题困扰了。

"为什么太阳是圆圆的，月亮却有时候是弯弯的呢？"

姥爷听到后，想了想：这好像确实是个问题啊，自己以前没有认真想过这个问题。他想起《红楼梦》里面香菱学诗的情景，于是忍不住分享给了静静和爷爷：香菱读到刚才那句诗的时候，说："想来烟如何直？日自然是圆的。这'直'字似无理，'圆'字似太俗。合上书一想，倒像是见了这景的。要说再找两个字换这两个，竟再找不出两个字来。"香菱说"日自然是圆的"，可是，为什么"自然"呢？香菱没有想着问个为什么，静静却在想这个问题，了不起，了不起！

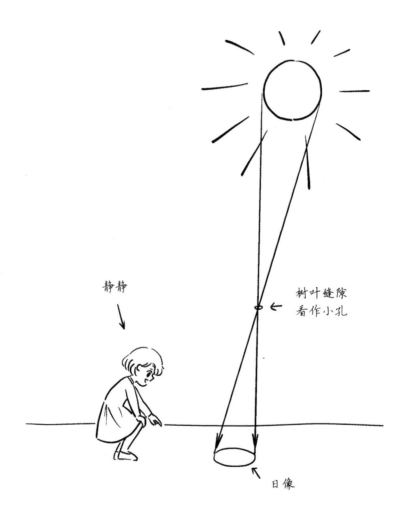

静静

树叶缝隙
看作小孔

日像

小孔成像

爷爷没有回答，只是看了看手中的表。他知道今天有日食，所以打算带静静来看看。但是他并没有告诉静静和姥爷，想给他们"变个魔术"。

过了一会儿，地上圆圆的斑点变成了弯弯的形状。爷爷笑嘻嘻地指着地面上弯弯的斑点问静静："你看这些是什么?"

既然地上那些斑点是太阳的"照片"，现在斑点变成弯弯的，那一定是太阳变成弯弯的了! 静静被自己得出的这个结论弄得吃了一惊。

爷爷掏出早就准备好的专用墨镜分给静静和姥爷："你们要不看看太阳现在是什么样子。"

三个人随即朝着天上太阳的方向望过去。果然，现在太阳变成弯弯的了。

"这是为什么?"静静感觉到十分好奇。

爷爷拿出篮球，又从包里拿出了一个高尔夫球和一个乒乓球。他把乒乓球递给姥爷，又把高尔夫球递给静静："你看，我拿着的这个篮球是太阳，姥爷手上的乒乓球是月球，你手上的高尔夫球是地球。"说着，他让姥爷站在自己和静静的中间。

"你看，当月球在地球和太阳之间的时候，月球有时候会挡住太阳的一部分光，这时候从地球这边看，太阳就是弯弯的了。"

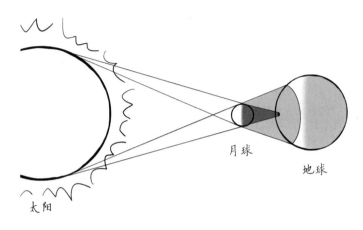

日食原理

过了一会儿，天色变得很暗很暗。他们抬头一看，发现太阳完全被遮住了。

静静似乎发现了什么，她激动地大声说："太阳和月亮是一样大的！"

爷爷和姥爷都被静静逗笑了。爷爷故意后退几步，问静静："你看姥爷的乒乓球大还是我的篮球大？"

静静本来打算回答当然是篮球大，但从她这个角度看，姥爷手上的乒乓球和爷爷手上的篮球好像又一样大。

爷爷趁机说："太阳的直径大约是月球直径的 400 倍，太阳到地球的距离约为月球到地球距离的 400 倍，所以很巧，在我们看来，太阳和月亮是一样大的。"

延伸阅读

1. 日食和月食是什么？为什么月食的时候，月亮是弯弯的呢？这又说明地球是什么形状呢？

日食和月食的原理都很好理解。日食就是当地球、月球、太阳运动到同一条线上时，太阳光被月球遮住了，这时候我们在地球上某些地方看，太阳会少一部分甚至完全不见，就像被吃掉一样。日食可以分为日偏食、日全食、日环食。日偏食是指太阳有一部分被月球遮住；日全食是太阳被月球全部遮住；日环食则是太阳的中心部分被月球遮住，边缘仍然明亮，形成光环，就像下图那样。

日环食

月食也很好理解。我们知道，月球自己不会发光，而是把太阳光反射到地球上，我们才能看见月亮。当地球位于太阳和月球中间，太阳发出的光被地球挡住一部分或者全部挡住，月亮就会看起来弯弯的，或者根本看不见，那条弯弯的弧线就是地球的轮廓，这也说明了地球是球形的。

另外，我们平时看到"月有阴晴圆缺"，往往不是月食，而是不同的月相。在一个月中，月球在不同位置被太阳照亮的部分不同，但是月球始终只有一面对着地球，这样在地球上看，有时是圆圆的满月，有时是弯弯的月牙。这和月食是不同的。

2. 乒乓球的半径是 2 厘米，篮球的半径是 12 厘米，静静看到的两个球一样大，这时候爷爷离静静的距离是姥爷离静静的距离的多少倍？

因为从静静的角度看，姥爷手上的乒乓球和爷爷手上的篮球是一样大的，所以我们可以通过相似三角形计算。篮球的半径是乒乓球半径的 6 倍，所以爷爷离静静的距离应该是姥爷离静静的距离的 6 倍。

1.5 不那么直的烟

天色渐晚，三人打算回家了。这时，静静指着远处天空中的一个地方说："你们看那烟，好像不那么直呢！"

姥爷听了，顺着静静手指的方向看过去。那是工厂排放的烟雾，通过烟囱排到了天空中。整体来看，那烟雾是直直往上的，但是仔细看，姥爷发现，确实如静静所说，那烟雾又是由一片一片的小烟雾团组成的。虽然王维的诗中写着"大漠孤烟直"，但真实的烟，也许并没有那么直。静静观察得真仔细！姥爷不禁对静静更加赞赏了。

"这是因为当含有烟雾的空气往上升的时候，如果空气上升的速度很快，就会产生湍流现象，这时候烟雾就会形成一团一团的结构了。"爷爷解释道，"一般来说，如果流体的运动速度比较慢，就不会有湍流现象发生，流体就是乖乖的、不会乱跑的层流。而乱跑的湍流会让在流体中运动的物体损失能量。但是湍流并不总是不好的。比如说这个高尔夫球，它的表面是凹凸不平的。为什么要把它的表面做成凹凸不平的呢？原因就是人们刻意在高尔夫球表面制造湍流。这样的话高尔夫球在空气中飞行的时候，空气会更容易绕到球的背后。否则高尔夫球飞行过程中，背后没什么空气，前后气压差会阻止高尔夫球飞得更远。"

一团一团的烟雾

此时静静的思绪已经完全被那片缭绕的烟雾吸引了。她仿佛看到自己腾云驾雾，在朦胧云雾中遨游，就像是天庭的仙女一般，满脸都是陶醉的表情。

爷爷一眼就看穿了静静的心思，笑着问道："你说这烟雾，到底是气体、液体还是固体呢？"

"啊？"静静猛然间被爷爷的问题拉回了现实，有点摸不着头脑，"这烟雾，当然是气体啦。"

"这么想可就错啦。"爷爷有些得意地解释起来，"绝大多数的气体都是无色透明的。就比如说空气吧，里面有氮气，有氧气，有二氧化碳，还有许多其他气体，但是空气就是透明的。"

"也对哦……"静静不由得开始思考起来，"这么说来，冬天的时候，我们哈一口气，冒出来的白雾也不是气体了。"

"没错。"爷爷看到静静的思考走上了正轨，开始联想到生活中的事例，不由得感到欣慰，"我们呼出的气体中含有水蒸气。温暖的水蒸气一遇到寒冷的空气，就液化成了小水滴。我们看到的白雾其实就是由这些小水滴构成的。"

看到静静和爷爷讨论得你来我往，姥爷也忍不住参与进来："你说这烟雾有没有可能是固体颗粒呢，就像是烧秸秆产生的烟，又或者是烧煤产生的烟？"

"也有这种可能。"爷爷想了想，回答道："比方说雾霾吧，所谓的霾，其实就是空气中的固体小颗粒。水蒸气围绕着这些小颗粒凝结成小水滴，就会让空气能见度降低，产生烟雾缭绕的感觉。不过现在的工厂都会对工业烟尘进行除尘，保护环境，人人有责嘛。"

静静和爷爷、姥爷就这么有说有笑，漫步在回家的路上。夕阳照映出三个人长长的影子。

延伸阅读

1. 生活中还有什么湍流、层流的现象呢?

实际上,湍流和层流在我们日常生活中是很常见的。先说湍流现象吧,比如飞机尾流,飞行中飞机会在后面一个狭长的尾流区里形成极强的湍流。

湍流

常见的层流现象有水龙头里流出的水,在水开得不太大时,水流会呈现出一定的规律性,看上去好像是一条一动不动的"水柱"。

层流

2. 湍流与层流的区别是什么?

从流动性质的角度来看,不同点在于湍流是不稳定的流动,而层流则是稳定的流动;从流体运动速度的角度来看,湍流的速度变化比较大,而层流的速度变化比较小;从流体流动过程中噪声的角度来看,湍流比层流噪声大,因为湍流中有更多的涡流,而涡流会增加噪声。除了这些区别,湍流和层流在其他的一些角度上也有区别,不过那会涉及过多的流体力学专业知识。聪明的你如果对这个问题感兴趣的话,也可以尝试去更深入地了解哦。

1.6　神秘仪器

在静静的奶奶眼里，爷爷是一个非常神秘、有意思，又有很多有趣点子的人，他总是给家里带来很多惊喜。一次，静静又无缘无故地哭个不停，奶奶没办法，叫来了爷爷。爷爷把静静抱到自己的房间里，打开了自己制作的神秘仪器，装上水，又加了少量不知名的溶液。过了一会儿，仪器的两头冒出了气体。爷爷把其中一头的气体接到一根管子里面，又在管子上面套了气球，很快气球就鼓起来了。爷爷拿出小绳子轻轻把气球扎上，递给静静。静静没拿稳，那气球突然就不受控制地飞走了，升到了天花板上。静静见了，突然大笑起来。

看到静静笑了，爷爷满是皱纹的脸上也露出了笑容。接着，他把冒出来的气体通过导管输送到肥皂水中，霎时间，成群结队的肥皂泡就从肥皂水中升了起来。漫天飞舞的肥皂泡在阳光的照射下，表面折射出七彩的颜色。沉浸在泡泡王国中的静静一时间看呆了。

在这个阳光明媚的下午，静静又在爷爷的房间里度过了平凡又美好的一天。

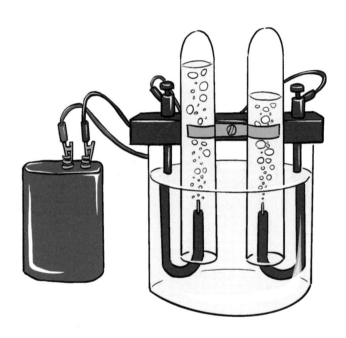

爷爷的神秘仪器

延伸阅读

1. 化学式和化学反应

化学式是指用元素符号和数字的组合表示物质的式子。一部分读者或许已经接触过或者学过化学，对化学式不陌生，但是考虑到可能会有一部分读者没有接触过化学，我们在本书的附录中给出了一张元素周期表，方便读者寻找书中提到的化学元素。

元素周期表中每个方框右上角的符号便是对应元素的化学式。生活中常见物质的化学式都是以这些元素的化学式为基础构成的，比如一个水分子包含两个氢原子和一个氧原子，所以水分子的化学式可以用氢的化学式和氧的化学式组合表示。

化学反应是指分子分解成原子，原子重新排列组合生成新分子的过程，下文提到的电解水就是一个化学反应。

2. 你知道爷爷的神秘仪器是什么吗？

爷爷的神秘仪器实际上是一个电解水的装置。当水中通入直流电之后，两个电极的位置会产生气体。

正极吸收电子，产生氧气；负极放出电子，产生氢气。在这个过程中，水分子变成了氢气分子和氧气分子。下面是这个化学反应的化学方程式：

$$2H_2O = 2H_2\uparrow + O_2\uparrow$$

爷爷把产生的氢气收集起来之后通到气球里面，制作成氢气球。因为氢气的密度比空气小，所以静静一不注意，氢气球就从她手里飞走，升到空中了。同样的道理，爷爷把氢气通入肥皂水中，产生了氢气肥皂泡。

氢气是一种易燃气体，和氧气混合容易爆炸，因此我们不能随意模仿爷爷的实验。正是考虑到安全因素，一般我们在公园里买的会飘起来的气球，其实里面充的是氦气。

1.7　水中花园

静静从小生活在长满樱花的校园里，因此对花花草草很感兴趣。每当樱花盛开的时节，静静也会忍不住加入赏樱的队伍，流连忘返于这片花的海洋。

要是能有一座自己的花园就好了，静静从小就这样期盼。可惜静静的家不在一楼，没有小院子。每当想起梦中那座令人魂牵梦萦的花园，静静就会既沉醉又有些遗憾。

静静的小心思从来逃不过爷爷的眼睛。"要不，我们在家里做一个花园吧。"爷爷笑呵呵地说道。这一刻，他仿佛看见静静眼里又闪烁起光芒，这次是希望的光，欣喜的光。

爷爷搬来了一个大鱼缸，在缸底铺上一层细细的沙，又在里面放了一些漂亮的鹅卵石，仿佛盆景里的假山。

"爷爷，你要在鱼缸里养花吗？"静静有些不解。

爷爷只是笑了笑，没有回答。他向鱼缸里倒了一些神秘的溶液，静置一会儿之后，又用镊子夹起一些豆粒大小的晶体，一个一个丢进了溶液中。不一会儿，这些晶体上就发出了颜色各异、奇形怪状的"芽"！接着，这些"芽"上又长出了许多"丝"！

　　静静在一旁看得几乎呆住了。这也太美了吧！有的晶体上长出了蓝白色的枝丫；有的长出了紫色的丝状物，仿佛一株美丽的薰衣草；有的长出橙色的枝干，就像是秋天变黄的梧桐。这分明就是一座植物园，一座色彩缤纷的水中花园！

　　爷爷颇为得意地看着自己的作品。他小心翼翼地把鱼缸中的溶液抽走，加入了清水。静静发现水中花园里的"植物"并没有在水中溶解。相反，在透明的清水中，这些"花草"仿佛更加晶莹剔透了。

　　静静沉浸在如梦如幻的欣喜中，久久难以自拔。

水中花园

延伸阅读

水中花园是怎么制造出来的？

制作水中花园主要利用了金属盐和硅酸钠反应这一化学原理。爷爷最开始加入的神秘溶液是硅酸钠水溶液，随后加入的豆粒大小的晶体是硫酸铜、硫酸亚铁、氯化锰、氯化钴、氯化铁等晶体。这个反应可以生成颜色缤纷的金属硅酸盐胶体，胶体与液体的接触面形成一种半透膜，由于渗透压的原因，水可以不断渗入半透膜，使半透膜不断膨胀，最后破裂。而半透膜的膨胀破裂，又会使得金属盐和硅酸钠继续发生接触，从而形成新的胶体。这个过程反复进行，最后胶体就会逐渐"长"得越来越细小，从而形成植物枝丫的样子。而不同的颜色又仿佛不同的植物，最终共同形成了美丽的水中花园。

1.8 怀表

爷爷有一块怀表，是那种老式的机械怀表，金属外壳上虽已布满了岁月的痕迹，嘀嗒声却依旧清脆悦耳。静静从小就很喜欢爷爷的怀表。她觉得，握住怀表的那一刹那，感受到机械的振动，就仿佛握住了时间的秘密。

"静静，你说时间是什么呢？"爷爷问。

时间是什么？这个问题静静似乎从来没有思考过。时间是什么？时间就是时间啊。时间是我们日常生活中最常见的概念，我们总是用时间来定义其他事物，可是我们却不能对时间本身下定义！静静感到有些迷茫，时间的概念似乎很简单，却难以用语言描述。静静想起了孔子的话："子在川上，曰：'逝者如斯夫！不舍昼夜。'"时间大概就像是那奔涌不息的大河吧，总是不停地流着，一去不复返。

静静困惑的表情被爷爷精准捕捉到了。他笑呵呵地说："不用为难。时间究竟是什么，这个看似简单的问题，即便是当今顶尖的科学家也难以回答。其实我们也不用在这个概念上纠结，因为对我们现在来说，重要的不是怎么定义时间，而是怎么测量它。"

"测量时间？"这个问题似乎再简单不过了，"我们可以用怀表来测量时间。"静静说着，手里的怀表似乎攥得更紧了。

"你说得很对，怀表的最小时间单位是秒，我们可以用怀表来测量比一秒更长的时间，一分钟、一小时、一天，这些都可以。但是，如果要测量比一秒更短的时间，我们怎么办呢?"

静静沉思了片刻，回答道:"那我们就制作一个新表，让它的最小时间单位比我们要测量的时间更短，这样就没问题了。"

爷爷向静静投来赞许的目光，接着说:"所谓的表，其实就是一个有周期性的测量工具。测量时间的一种方法，就是利用一种能有规律地重复发生的事情，也就是周期性事件，比如说一个昼夜。昼夜交替是重复发生的事情，但是人们不禁要问，夏天的一昼夜和冬天的一昼夜是不是一样长? 想要比较一昼夜的时长，我们可以用另一个周期性事件作为时间的'尺子'。比如说沙漏吧，每当沙漏里的最后一粒沙子掉下来，我们就把沙漏翻转，这样我们就用沙漏创造了一个周期性事件，并且可以用它来衡量其他周期性事件。"

"用沙漏来计时，确实比用昼夜精确多了，"静静嘀咕着，"不过还是比不上钟表。"

"对，不管是机械表还是沙漏，都是利用周期性事件的重复来测量时间。科学家伽利略发现，单摆就是一个很好的计时器。只要一个单摆的摆动幅度始终很小，那么它就能长时间以几乎相等的时间间隔来回摆动。这样，我们就得到了钟表的鼻祖——摆钟。"爷爷指着静静手中的怀表，接着说，"假如我们规定一个单摆摆动3600次是一个小时，一天总共有24个这样的小时，那么就可以把每次摆动的时间定为一秒。按照同样的原理，我们可以把秒分成更

摆钟

小的单位。所以说，这种时间的分割是我们人为定义的。"

静静望着手中的怀表，好奇心愈发强烈起来："那怎么把时间划分成更小的单位呢？机械表的结构就已经非常复杂了，我们还能造得更精细吗？"

爷爷觉得讨论愈发有趣了，也情不自禁地加快了语速："我们可以制造一种叫作振荡器的"电学单摆"，在这种电子振荡器里面，是电在来回振动，它的振动和摆锤的摆动方式很像，能够提供周期很短的摆动。比如说，我们可以制造周期比 10^{-12} 秒更短的振荡器。"

10^{-12} 秒！静静心中有些吃惊。"我知道一秒的千分之一是毫秒（10^{-3} 秒），毫秒的千分之一是微秒（10^{-6} 秒），微秒的千分之一是纳秒（10^{-9} 秒），纳秒后面我就不知道了。"

"纳秒的千分之一是皮秒（10^{-12} 秒），皮秒的千分之一是飞秒（10^{-15} 秒），飞秒的千分之一是阿秒（10^{-18} 秒）。你看，2023 年的诺贝尔物理学奖，就颁发给了三位研究阿秒脉冲的科学家，表彰他们在阿秒物理学领域的贡献。阿秒脉冲就像是一个微观世界的怀表，能把电子的运动都记录得清清楚楚。"

"爷爷，你的名字就叫阿淼，以后你的学生可以把你的物理课叫作'阿淼物理学'呢。"静静打趣道。

爷爷听完大笑起来。静静和爷爷沉浸在物理学的讨论之中，又度过了一个美好的下午。

延伸阅读

自然界中有哪些天然的钟表？

其实，我们的地球就可以被看作一个巨型钟表。地球自转一圈就是一天，地球绕太阳公转一圈就是一年，天和年都是我们常用的时间单位。除了地球之外，自然界还为我们提供了其他测量时间的方法，比如说树木的年轮或者河底的沉积物。

想要测量更长的时间，我们还可以将放射性材料作为天然时钟来使用，也就是利用放射性同位素的半衰期测量时间。铀的一种同位素的半衰期大约为45亿年，经过一系列衰变之后得到的稳定产物是铅。由于铅与铀的化学性质截然不同，因此天然情况下铅出现在岩石的某一个区域，而铀则集中在另一个区域，也就是说，正常情况下铀和铅是相互分离的。如果我们想要知道一块岩石"生活"的年代，可以进行元素分析，在本应该只含铀的地方会有一些铀和铅同时分布，通过对这两者的数量进行比较，我们就可以知道有多少铀衰变成了铅，进而推算出这块岩石的"年龄"。通过这个方法，科学家测得地球的"年龄"大约为45亿年。

第二章

可可的美食世界

　　新学期开始了，静静发现班上有几个陌生的面孔。老师给大家安排好了座位，说："请新同学来讲台上介绍一下自己吧！"

　　第一个上讲台的是一个斯斯文文的女生。她长得瘦瘦小小的，马尾却扎得高高的。她看起来很腼腆，声音细细的。她用让人几乎听不见的声音说："大家好，我是文文。我喜欢文学。"

　　第二个上讲台的是一个很高大的男生，他说："大家好，我是青青。我喜欢打游戏，我不喜欢学习。"说罢，全班哄堂大笑。

　　老师在旁边也忍不住笑起来了。老师名叫洋洋，刚从师范学校毕业就来到了这所学校教书。她看起来还有点高中生的模样。家长偶尔来学校看孩子的时候，总以为她是隔壁高中来的大姐姐。她总是想让学生爱上学习，但刚毕业的她似乎有点经验不足。她感觉她的课不能很好地调动同学们的兴趣，于是总是在努力改进教学方法。听到青青的发言，笑过之后，她的心又似乎被锤子重重地敲打了一下。她开始在心里琢磨，怎样才能提高同学们的学习兴趣呢？

　　接着，坐在静静旁边的略微有点胖的男生走上了讲台，说："大家好，我叫可可。我喜欢美食，希望跟大家成为朋友。非常欢迎大家有空能来我家里做客，我一定给大家做好吃的。"全班又哈哈大笑起来。静静不知道为什么大家会哈哈大笑，但她突然也觉得很好笑，于是也笑起来了。一向对美食兴趣不大的静静突然有一点点冲动，要是有机会能去他家就好了，看看他到底会做什么好吃的。

2.1　雪碧

　　当可可从讲台上下来坐到自己旁边的时候，静静朝他那个方向望去。可可确实与众不同。静静抬眼看看其他同学的课桌，他们桌上大多堆着比人还高的书。可可的桌上也堆着厚厚的一堆东西，但跟其他同学完全不一样，除了书本，他桌上总有各种各样的零食。每当下课，他就拿出一盒打开吃。当然，他非常慷慨，经常主动把零食分享给周围的同学。

　　下课了，静静正在琢磨着可可又要吃什么的时候，可可从书包里面掏出一瓶雪碧，倒在了杯子里。

　　"你要吗?"可可把剩下半瓶雪碧放在静静桌上。

　　静静不太喜欢喝雪碧，当然，也并不讨厌。她看到同学这样热心，说"我不喜欢"怕不太好，所以接过雪碧，倒在杯子里面。

　　杯子里霎时间冒出无数的泡泡，有的贴在杯子壁上，有的冒出来了，浮在最上层，亮晶晶的，十分好看。

　　"不知道这些气泡是怎么产生的。"可可喃喃自语。他很惊奇地发现，自己喝了那么多雪碧，这还是第一次想这样的问题。

　　虽然这只是可可的喃喃自语，但还是被静静听见了，于是她解释道:"二氧化碳是可溶于水的，部分二氧化碳能跟水反应生成碳酸。"说着，静静打开一本化学书，书上面有这样的化学反应方程式：

$$CO_2 + H_2O \Longleftrightarrow H_2CO_3$$

"这个反应是一个可逆反应。在高压的情况下，平衡点会向右移动；在低压的情况下，平衡点会向左移动。因为厂家在制作雪碧的时候，强行把很多二氧化碳压进塑料瓶，导致塑料瓶里面的气压比外面的标准大气压大很多。所以你没开瓶盖的时候，瓶子捏起来感觉非常硬。当你开瓶盖的时候，你会听见滋滋滋的声音，那是瓶里的气体疯狂地往外跑发出来的声音。"

说着，静静把杯子里的雪碧喝完了。可可见状，也一饮而尽。霎时间，一股气体冲出可可的鼻子，可可有一种很舒服的感觉。"为什么会有气从我鼻子里出来呢？"他不禁嘀咕。这种气体冲出鼻子的感觉他经常有，炎热的夏天，喝过雪碧之后，似乎那股气体把他身上多余的热量都带走了。但这还是他第一次产生这样的疑问。

"那是因为这个反应的平衡跟温度也有关系。温度高的时候，平衡点会往左移动。"说着，静静把目光从杯子上移走，望向教室里的温度计，"现在的室温是 25 摄氏度（℃），而人体的温度大约是 37 摄氏度，大于室温。所以，雪碧进入人身体里面后，碳酸会进一步变成二氧化碳和水，多余的气体就会从你的鼻子里面出来。"

原来是这样！可可心中的疑问得到了解答，他有一种开心的感觉。紧接着，他又掏出了第二瓶雪碧。他小心翼翼地打开盖子，果然，听到了滋滋滋的声音。他觉得很神奇。他记得他第一次开雪碧之前摇了摇瓶子，结果雪碧喷得家里到处都是。还好家人没有生气，只是哈哈大笑一番，带着他一起打扫了屋子。从此以后他知道了，开雪碧之前不能摇晃瓶子。但这还是他第一次认真听那滋滋滋的声音。他给自己和静静又各倒了一杯雪碧。

"这时候要是有一把盐就好了，我能给你变个魔术。"静静有些遗憾地说。

"有的有的。"可可就像变戏法一样，从书包里掏出了一小瓶盐。

"你为什么会随身带着盐啊？"静静这下震惊了，难道可可真是一个名副其实的"吃货"？

"你看过《指环王》吗？"可可不紧不慢地回答道，"《指环王》里的霍比特人，哪怕出门远行都不忘随身带一盒盐，因为你不知道什么时候就会碰上一场烧烤。"

静静一时之间竟然觉得他说得有点道理。

"你说，盐能变什么魔术？"可可有些不解。

"你有没有想过，如果把盐加进雪碧里，会是什么滋味？"静静说话间不禁露出一丝坏笑。

"这个我还真没尝试过，不过试试也没有坏处。"说罢，可可就捏了一撮盐准备加进雪碧里。

"你可要慢一点加。"静静善意地提醒道。

"慢一点?"可可有些不解，不过他还是照做了，轻轻地把盐加进了雪碧里。霎时间，雪碧就像是被剧烈摇晃过一般，泡泡汹涌而出。幸好可可早有心理准备，不然准要被喷得一身都是。

看到这一幕，同学们都笑了起来，班级里顿时充满了快活的空气。

可可倒是不以为意，端起雪碧轻轻地抿了一口。"味道还不错呢!"可可说。

"看来他还真是个'吃货'。"静静心里暗暗地想。"你想不想试一试，雪碧加牛奶是什么滋味呢?"

"好啊。"可可来者不拒，又从书包里掏出了一瓶牛奶，倒进了雪碧瓶里。过了一段时间，雪碧中生成了很多白色絮状物，看起来简直让人密集恐惧症都要发作了。

"这……这我可不敢喝了。"可可看着瓶中的絮状物，头皮都要发麻了。

"原来也有'吃货'不敢吃的东西啊。"静静心里暗自得意。

延伸阅读

1. 为什么雪碧里加盐就会喷出泡泡呢？

之前我们说到，有很多二氧化碳气体溶解在雪碧中。当雪碧中的盐溶解后，就会使二氧化碳的溶解度降低，同时雪碧中的碳酸加速分解，生成更多的二氧化碳和水。一时间很多二氧化碳气体喷发出来，就出现了可可看到的景象。

2. 雪碧加牛奶会发生怎样的反应？

雪碧中的碳酸根离子和牛奶中的钙离子能够发生反应，生成白色沉淀物碳酸钙。除此以外，雪碧中的酸性物质也会使牛奶中的蛋白质发生变性，从而产生白色的絮状物。牛奶和雪碧混合生成的物质其实对人体并无损害，不过这会影响牛奶中钙的吸收，而且也不好喝，口感非常奇怪（不要问我是怎么知道的）。

2.2 吸管

上课铃响了，洋洋老师要给大家上课了。

"今天我们来讲折射定律。上节课，我们学习了光的速度。真空中的光速是一个常数 c，但是在介质中，比如在空气中啊，水中啊，玻璃中啊，光的速度 v 比 c 要小。介质的折射率 $n = c / v$，就是真空中光速和介质中光速的比值。

"光的折射定律，就是说光在一种介质与另一种介质的分界面上，会发生折射。折射光线、界面法线（下页图中虚线）和入射光线在同一个平面里，折射光线和入射光线分别在法线的两侧，入射角 θ_1 和折射角 θ_2 之间的关系是 $n_1 \sin \theta_1 = n_2 \sin \theta_2$，这里 n_1 和 n_2 分别代表两种介质的折射率。

"光的折射定律可以用很多不同的方式推导出来，其中最有趣的方式是费马原理。费马原理告诉我们，光很'聪明'，它总是能找到从一点到另一点走得最快的路径，只花最少的时间就能到达目的地。

"光的折射定律应用得十分广泛，比如眼镜啊，放大镜啊，光学望远镜啊，光学显微镜啊，里面的透镜都应用了光的折射定律。人的眼睛也是因为光的折射定律才能看清东西的。

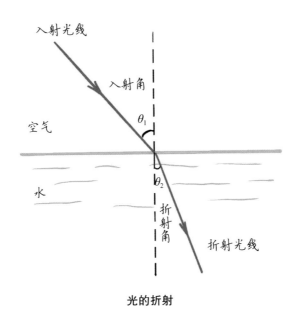

光的折射

"光的折射定律告诉我们，如果你看到一个游泳池很浅，无论会不会游泳都不要一下子跳下去，因为你看到的游泳池底是经过光线折射的结果，游泳池真实的深度要更深。你能通过光的折射定律计算一下，游泳池看起来的深度和真实深度的关系吗？希望同学们先把这道题完善成一道严格的物理题，再计算出来。这就是今天的作业。下课。"

下课之后，可可发现，杯子里的泡泡已经消失了。他有些失望，因为他觉得没有泡泡的雪碧不好喝了。

"老师讲的好难啊。"可可又开始喃喃自语。

"你有吸管吗?"静静显然又听见了可可的自语,于是转过头去问他。

"有啊!"可可从书包里掏出一根吸管。

可可看着静静接过吸管,插在杯子里面。突然间,他好像有了什么伟大的发现。

"哎哎哎,你看,这根吸管好像折断了一样!"他惊讶地说。

"这就是老师上课讲的折射定律的内容啊!因为雪碧和空气的折射率不一样,光从雪碧中出来,射入人眼的过程中改变了原来的方向。但是人眼会以为光走的一直是现在的方向,于是就看到吸管好像折断了,其实没有。"静静不慌不忙地解释道,并且用吸管喝了一口雪碧,"那你知道为什么可以用吸管喝雪碧吗?"

可可愣住了,吸管能喝东西还有为什么?真有意思!

"我们的大气其实是有压力的。我们用吸管吸东西,其实是吸走了一部分吸管中的空气,这样吸管内的气压就小于外界大气压,所以大气压就把雪碧压进嘴里了。"静静说着,打开一本书,一边给可可看一边讲着:

"地球是被空气包裹着的,这层空气就是大气层。因为地球的引力,这层空气没有跑到宇宙中去,而是被引力吸引,分布在地球表面。

光的折射现象

"既然我们头顶上有厚厚的一层大气,我们就会受到这层大气对我们的压力。我们被厚厚的大气压着,就好像孙悟空被压在五指山下一样。在单位面积上受到的大气压力,就是大气压强,简称大气压。

"大气的压力是巨大的,约为每平方米 10 万牛顿(牛顿是一个力学单位,简称牛,符号是 N,1 牛约相当于两个鸡蛋的重力)。每平方米上受到 1 牛的压力时,这样的压强就是 1 帕斯卡(简称帕,符号是 Pa),所以大气压大约是 10 万帕,或者说 100 千帕(kPa)。换算一下,100 千帕的大气压强,就好像我们每个人身上

大气层

都压了一辆小汽车一样。但是，为什么我们在日常生活中，没有被大气压得喘不过气来呢？"

可可听得有点晕晕乎乎的，似乎又走神了。正好快要放学了，他的眼前出现了美味的饭菜。他好像来到了家里的厨房，打算舀一小碗米，再加一些水，放进电饭煲，煮一锅喷香的米饭。一旁的妈妈见了，阻止了他，说："用高压锅更快。"于是，妈妈把米和水加进高压锅，不一会儿，饭就熟了，可可似乎隐约闻到了饭菜的香气……

可可那无神的眼睛仿佛透露出了什么，静静知道他又走神了。"你在想什么呢？"

可可觉得有些不好意思，静静这么耐心地给他讲东西呢，他竟然走神了。他只能小声地说："我在想为什么用高压锅煮饭更快。"

静静听了觉得很有意思，果然是可可啊，讲什么都能想到吃。于是她解释道："水的沸点是跟气压有关系的。标准大气压下水的沸点是 100 摄氏度，但气压大的时候，水的沸点也会高一些。高压锅可以做到内部气压大于一个标准大气压，所以用高压锅煮饭的时候，水的温度可以高于 100 摄氏度，于是饭就可以更快地被煮熟啦！"

放学之后，静静像往常一样慢慢往家里走，眼睛盯着地面，思考着一个有些奇怪的问题：

"一个标准大气压是 101.325 千帕，那么如果我们用一根 10 米高的吸管喝雪碧的话，是不是怎么吸都喝不到呢?"

正思考得入神的时候，静静突然听见有人在喊自己的名字，转头一看，是可可，于是就停下来等他。

"我家也住这边。"可可说。

"咱们竟然是邻居!"到家的时候，二人惊讶地发现。

"那我们以后都一起回家吧。"可可提议。

静静轻轻地点了点头表示同意。

第二天早上到教室的时候，可可拿出昨天剩下的半瓶雪碧给静静看。雪碧被可可放在冰箱的冷藏室里一晚上，现在摸上去还是冷的，瓶子还凹进去一块。

"这是怎么回事呢?"可可感到困惑不解。

静静翻开一本物理书，里面有关于理想气体状态方程的知识:"你看，理想气体状态方程是 $pV = nRT$ ，也就是说压强 p 乘以体积 V ，与气体物质的量 n 乘以温度 T 成正比，比例常数 R 叫作摩尔气体常数。所以当温度降低的时候，瓶内气压减小。这样的话，瓶外的气压比瓶内的气压大，大气就把瓶子压瘪啦。"

原来是这样! 可可又明白了新的道理，感觉很开心。

延伸阅读

1. 为什么水中的光速会变慢呢？

光的折射是因为水中的光速比空气中慢。但是我们刨根问底，为什么水中光速更慢呢？这是因为，光是电场和磁场的一种振荡。电场会带动水中的电荷跟着振动，振动的电荷又发出落后一点的电磁波，和原来的电磁波叠加，水中的光速就变慢了。

2. 游泳池看起来的深度和真实深度的关系是怎样的？

已知常温下水的折射率 n 约等于 1.33，游泳池看起来的深度 h 和实际深度 H 的关系可以近似为 $H = nh$。也就是说，假如游泳池看起来是 $h = 1.5$ 米深，实际深度就是 $H = 1.33 \times 1.5 \approx 2$ 米。游泳池的实际深度总是比看起来更深，小朋友们可要当心了！

3. 大气压是从哪儿来的？

大气压可以把瓶子压扁。但是大气压又是从哪里来的呢？文中从宏观角度讲了大气压的来源，就是大气层的重力。从微观角度来解释大气压或许更能看到本质。假如我们有特别厉害的"放大镜"，能看到一个个构成空气的分子，其中有氮气分子、氧气分子、二氧化碳分子和很多稀有气体分子，我们可以看到，大量的这些分子在往瓶子上撞。瓶子外面有更多的分子在撞瓶子，瓶子里面撞瓶子的分子少一些，所以瓶子就被撞扁了。

4. 人用吸管最多能把水吸起来多高？

一般条件下，大气压 $p = 101\,325$ 帕，水的密度 $\rho = 1.0 \times 10^3$ 千克每立方米，重力加速度 g 约为 9.8 米每二次方秒。根据液体压强公式 $p = \rho g h$，我们可以求出在大气压作用下，人最多可以把水吸起来的高度：

$$h = \frac{p}{\rho g} = \frac{101\,325}{1000 \times 9.8} \text{米} \approx 10.3 \text{米}$$

这个高度和静静估算的 10 米差不多。

5. 瓶子里的气体从 30 摄氏度降到 4 摄氏度，体积缩小多少？

根据理想气体状态方程 $pV = nRT$，其中 p 为气体压强，V 为气体体积，n 为气体物质的量，R 为摩尔气体常数，T 为气体温度，在 p、n、R 都保持不变的情况下，体积 V 和温度 T 成正比。

值得注意的是，这里的 T 是开尔文温标下的温度，而不是摄氏温标下的温度。因此我们需要做一个换算，0 摄氏度等于 273.15 开尔文（符号为 K）。我们对理想气体状态方程做一点数学上的变形，就可以得到以下式子：

$$\frac{V_2}{V_1} = \frac{T_2}{T_1} = \frac{273.15+4}{273.15+30} \approx 0.914$$

也就是说，理想情况下，缩小之后的体积大约是原先体积的 91.4%，缩小了 8.6%。

6. 三角函数

我们前文提到光的折射定律时，运用了三角函数这一数学工具。这里简单补充一下三角函数的定义。

在直角三角形中，一个锐角的正弦值等于其对边与斜边的比值，余弦值等于其邻边与斜边的比值，正切值等于其对边与邻边的比值。

正弦：$\sin A = \dfrac{a}{c}$，　$\sin B = \dfrac{b}{c}$

余弦：$\cos A = \dfrac{b}{c}$，　$\cos B = \dfrac{a}{c}$

正切：$\tan A = \dfrac{a}{b}$，　$\tan B = \dfrac{b}{c}$

三角函数

2.3　吹泡泡

周日的早上，可可在家准备倒水喝的时候，有了一个重大的发现。他百思不得其解，于是他想起了静静，静静肯定知道。他敲响了静静家的门。

来到静静家之后，可可说："我今天喝水的时候发现了一件神奇的事情，你猜是什么?"

"什么事情?"静静来了好奇心。

"你家有杯子和水壶吗?"可可问。

于是静静拿来了杯子和水壶。可可先把水壶装满了水,之后,只见他慢慢地把水壶中的水倒进杯子里。渐渐地,杯子满了,但是可可仍然在慢慢往杯子里倒水。过了一会儿,可可不说话,轻轻指着杯子里的水让静静看。他蹲下来,让视线和水面相平,然后跟静静说:"你看,水面和杯口接触的地方竟然是弧形的!水面其实比杯口还高!"

静静学着可可的样子蹲下来望着那水面。尽管她早就知道这是什么原理,但她仍然被水面那优美的弧线所吸引,忍不住看了好久。

"这叫表面张力。水的表面张力总是想让水面的面积变小。"静静解释道。一会儿,她说:"我们玩个游戏怎么样?"

"好啊。"可可回答道。静静的游戏像是有着无穷无尽的魅力。

静静跑回自己的房间,又接了一杯水,拿出一枚日元硬币。那是爸爸出差去日本的时候带回来的。每次爸爸去世界各地出差之后,就会剩下一些硬币,他懒得处理,于是都送给静静了,美其名曰"纪念品"。但这些爸爸很不在意的东西在学校却十分受欢迎。静静有时候会把它们当礼物送给同学,没见过外国硬币的同学都很开心。

"你能让这枚硬币浮在水面上吗?"静静问可可。

水的表面张力

可可接过硬币就往水面上扔，但很快硬币就沉了下去。他试了几次，失望地摇摇头。他不相信一枚硬币能够浮在水面上，于是疑惑地看着静静："这怎么行？"

静静望着水底的硬币，说："你这样扔的话，当然会沉下去，因为硬币的密度比水大。"

静静微微一笑，从旁边的文具堆中取出一个回形针。只见她把回形针掰开，稳稳地托住一枚硬币，缓缓地把硬币放在水面上，然后抽走回形针。可可惊呆了，硬币竟然稳稳地浮在了水面上！他仔细地观察着水面，发现硬币周围水面微微弯曲，好像在努力地把硬币给抬起来。

浮在水面上的硬币

"太神奇了!"可可不禁惊叹起来。

"这就是表面张力的作用。"静静解释道,"表面张力把硬币给抬起来了。"

"还有更好玩的。"静静在水里倒了一些洗发液、沐浴液、洗洁精之类的,又拿了一些吸管,带着可可来到外面。

"你看。"静静用吸管蘸了蘸刚才配置的泡泡液，然后吹了起来，吸管的另一头出现了一个泡泡。过了一会儿，泡泡脱离了吸管，在空气中慢慢飘动，之后落在地上破了。

"这也是表面张力的作用。"静静解释道。

他俩于是乐此不疲地吹了好多好多泡泡。过了一会，可可又像发现了新大陆一样，惊讶地说："泡泡好漂亮，可是为什么泡泡是五颜六色的呢?"

静静显然也被美丽的泡泡吸引了，盯着泡泡观察了很久，又吹了好多好多泡泡。只见新吹出来的泡泡都是五颜六色的，十分漂亮。过了一会儿，那颜色渐渐暗淡下来。最后，泡泡就破了。

"这是因为阳光虽然看起来没有颜色，实际上是由不同波长的电磁波组成的，不同波长对应着不同颜色。泡泡的厚度不一样，不同波长的电磁波就会有不同的表现。"静静拿出随身携带的纸笔画出了下一页这样的示意图，"有的电磁波会直接从泡泡的外表面反射，有的电磁波会穿过泡泡到达内表面，再从内表面反射出来。这内外两列电磁波相遇的时候，有一部分会波峰和波峰相遇，波谷和波谷相遇，两者相互加强，于是我们就能够看到这种波长的电磁波对应的颜色。但是另外一部分电磁波是波峰和波谷相遇，两者相互抵消，这时候这种波长的电磁波就会变弱，我们就很难看到对应的颜色了。不同厚度的薄膜会反射不同波长的电磁波，也就是不同颜色的光。于是在不同厚度的薄膜的反射作用下，我们会看到不同的

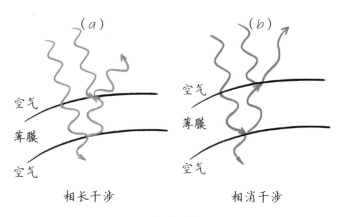

相长干涉　　　　　相消干涉

薄膜干涉

颜色。"

他们吹完泡泡，坐在一个亭子里面休息。突然，可可好像又发现了新大陆，他指着旁边的水面。静静朝着他手指的方向看过去，那水面上有几只昆虫，它们有长长的脚，稳稳地停在水上。再仔细看，昆虫的脚周围的水面都轻轻地凹了下去。

"你知道它们为什么能站在水面上吗?"静静问可可。

"表面张力!"可可很开心，觉得自己学到了。

延伸阅读

为什么彩色玻璃会呈现出缤纷色彩？

　　彩色玻璃之所以呈现出各种颜色，是因为它们对特定波长的光的吸收要比对另一些波长的光的吸收更多。在彩窗的另外一边，阳光依旧是无色的，而我们在这一边没有看到的那些颜色则是被"封存"在玻璃里了。我们看到玻璃是彩色的，并不是它们自身发出了彩色的光，而是它们吸收了阳光中的一部分光。至于玻璃为什么吸收一些颜色的光，却对另外一些"网开一面"，这就是微观层面的作用了。

　　分子拥有与其化学键相关的特定单位的能量，而每种特定颜色的光都有其对应的波长和频率，这个频率就与特定单位的能量相关。当分子本身能级和所接收光的能级相匹配的时候，分子就会与光发生相互作用，也就是吸收或者放出光子。拿蓝色来说，组成蓝色颜料的分子里有一组化学键，它的能量恰好与红光和绿光的能级相匹配，而与蓝光不匹配，因此当自然光打在这种颜料上时，它反射回来的光线的主要成分就是无法与其能级匹配的蓝光，因而会呈现出蓝色。简单来说，蓝色颜料的性质使得它会将蓝光反射走。

彩色玻璃

2.4 口香糖和番茄酱

"我带你去吃好吃的。"放学之后可可跟静静说。

静静对美食并不感兴趣，但是她不想让可可扫兴，就跟着他去了。他们走进一家店。进店之前，静静抬头看了一眼店门口挂的招牌——Coco。

突然，静静好像发现了什么好玩的事情："这家店的名字跟你的名字一样!"

"对啊，我很喜欢喝椰子汁，椰子的英文是 coconut，所以我的英文名也叫 Coco，跟我的中文名读音差不多。"

可可买了一个椰子，但是椰子上面开的洞太小，倒不出椰子水。于是，可可拿出嘴里的口香糖，很熟练地做成圆锥形，插到椰子洞里面，然后把口香糖对准地面用力把椰子往下一砸。椰子水果然顺畅地从孔里面流出来了。

"为什么口香糖这么软，却能打开坚硬的椰子呢?"可可突然发现，虽然他学着爸爸这样做了好多次，但这是他第一次思考这个问题。

"口香糖是一种非牛顿流体。非牛顿流体的意思是，剪切应力和剪切应变率之间是非线性关系，当流体的流速加快时，剪切应力的增长十分快速。这样一来，因为你往下砸椰子的速度很快，剪切应力快速增大，口香糖会突然变成很硬的东西，从而把椰子给打开。"

可可似乎有点明白了，但是他没有继续想下去，又去买了一大盒薯条。

"静静，吃这个。"他把薯条推到两人中间，然后拿起番茄酱瓶子，想要倒一点番茄酱出来。但是很不巧，瓶子快空了，只在瓶底有一层番茄酱。可可把瓶子倒过来放在薯条上方，想要借助重力让番茄酱流出来。但是番茄酱依然贴在瓶底一动不动。

这时静静不慌不忙地一手倒着拿起瓶子，另一只手猛地拍打瓶底。番茄酱终于落到了薯条上。

可可似乎明白了什么："所以，是不是番茄酱也是非牛顿流体？"

静静微笑着点了点头。

延伸阅读

1.同为非牛顿流体，口香糖和番茄酱有什么不同之处？

口香糖属于非牛顿流体中的剪切增稠流体，这种流体的特点是随着剪切速率增大，黏度会增大。因此，口香糖平时总是软软的，但是一旦遭到撞击就会黏度增大，变得非常坚硬，甚至能够砸开椰子。用通俗的语言来说，就是"遇强则强，遇弱则弱"，或者叫"吃软不吃硬"。

番茄酱属于非牛顿流体中的剪切稀化流体，这种流体的特点是黏度会随着剪切速率的增大而减小。瓶底的番茄酱具有很高的黏性，所以将瓶子倒过来无法使其流出。但是当我们猛击瓶底时，黏度变小，番茄酱就倒出来了。这就叫"遇强则弱，遇弱则强"，或者叫"吃硬不吃软"。

2.线性是什么意思？非线性又是什么意思？

两个变量之间存在一次函数关系，就称它们之间存在线性关系。这个定义听起来可能有些难懂，简单来说，当一个变量的值以一定比例增大或减小时，另一个变量的值也以相同的比例增大或减小，这两个变量之间就是线性关系。在线性关系中，变量之间的关系是恒定的，每单位变化都对应着另一单位变化。相反，随着一个变量的值的增大或减小，另一个变量的值可能会以不同的速率增大或减小，这两个变量之间就是非线性关系。在非线性关系中，变量之间的关系不是恒定的，每单位变化可能对应着不同的单位变化。

2.5 醋

这一天是周六，不用上学。一大早，可可邀请静静来家里一起吃早餐。当静静来到可可家的时候，可可的餐桌上已经摆满了丰盛的早餐，有鸡蛋、包子、坚果、葡萄干、煎饼，甚至还有大葱！"吃完大葱会有口气吧？"静静心想。不过好在今天是周六，不去上学的话也没关系。

静静刚刚落座，可可已经迫不及待地开吃了。只见他拿起一颗煮好的鸡蛋，双手上下翻飞，以令人眼花缭乱的速度剥好了鸡蛋壳，手法之娴熟让静静叹为观止，想必也是每天勤加练习的结果。可可颇为得意地拿起鸡蛋向静静炫耀："你能把鸡蛋剥得这么完美无瑕吗？"

静静看到鸡蛋表面光洁圆润，如同一块无瑕的白玉一般，一点破损都没有，心中暗暗有些佩服。不过静静也不会轻易认输，于是说道："这算什么，我不仅可以无损剥鸡蛋壳，而且都不需要用手呢。"

"不用手也能剥鸡蛋？"这下轮到可可佩服了。他倒想看看，静静是怎么做到的。

静静拿来一个小碗，往里面倒了不少醋。本来吃包子蘸醋，只要浅浅的一小碟就够了，可可不知道静静为什么要倒这么多。接着，静静把没有剥壳的鸡蛋放进醋里，醋刚好将鸡蛋完全浸没。可可看到，鸡蛋壳表面渐渐产生了许多气泡。过了一段时间①，鸡蛋壳全部溶解，鸡蛋表面不仅没有损伤，甚至连刮痕都没有。这下可可是彻底拜服了。

"蛋壳之所以能够溶于醋，是因为它的主要成分是碳酸钙，碳酸钙能够和醋中的醋酸（乙酸）发生反应，生成二氧化碳，也就是鸡蛋表面的小气泡。"静静解释道。

$$CaCO_3 + 2CH_2COOH \mathbin{=\!=} Ca(CH_3COO)_2 + H_2O + CO_2\uparrow$$

_____

① 实际可能需要较长时间，这里我们"快进"了一下。

　　"原来是这样啊。"可可心想,"吃早餐也能学到科学知识,真不错,下次要多吃一点。"

　　这下轮到静静得意了:"其实这个实验还有一个更好玩的玩法。我们可以点燃蜡烛,滴下蜡油,用蜡油在鸡蛋壳表面涂上好看的图案,然后再把鸡蛋放进醋里,这样被蜡封住的部分不会与醋发生反应,我们就能够在鸡蛋上'雕'出想要的花纹了。"

　　"好神奇啊。"可可说,"我也想到一个好玩的玩法,给你展示一下。"

　　可可拿来一个碗,倒入清水,然后把葡萄干撒在水中。接着,可可向水中加入一小勺小苏打,两大勺醋,搅拌均匀之后,水中产生了很多气泡。葡萄干仿佛开始跳起舞来，它们一会儿漂浮到水面，一会儿又沉下去，好玩极了。

"听了你刚才说的碳酸钙与醋的反应，我就想到碳酸氢钠也能和醋反应，也能生成二氧化碳。小苏打就是碳酸氢钠。醋和小苏打发生酸碱中和反应，生成的产物为二氧化碳气体。二氧化碳以小气泡的形式吸附在葡萄干的褶皱中，从而使葡萄干产生一定的浮力，漂浮到水面。而当葡萄干浮到水面时，二氧化碳小气泡进入空气中，葡萄干就失去了二氧化碳给它带来的浮力，于是重新沉到水中。这个过程反复进行，二氧化碳将葡萄干托到水面，自己跑到空气里，葡萄干再沉下去，看起来就像葡萄干在跳舞一样。"可可说道。

"你还真是活学活用啊。"静静赞叹道，"那我和你玩个侦探游戏吧，需要用到你喜欢吃的葱。"

"葱？侦探游戏？"可可一时间有些摸不着头脑。在他的想象中，侦探就是福尔摩斯一样的人，如果有一天福尔摩斯嘴里叼着一根大葱，这场面肯定很有趣。

静静没有理会可可的疑问，径直取来一根葱，把葱叶剪干净，只留下葱白。接着，静静戴上塑料手套，使劲将葱白里的汁液挤进碗中，然后取来一支毛笔，模仿着姥爷写书法的样子，蘸着汁液在白纸上写起字来。不一会儿，静静的"书法"大功告成。可可凑上去看，但是这时纸上的汁液已经干了，看不出来写了什么。

"美食小侦探，想知道我写了什么吗？"静静一脸坏笑地看着可可。

这下可可犯难了。葱的汁液是无色的，要怎么让它现形呢？

静静见状，不急不慢地取来一个打火机，把刚刚写好字的白纸放在火焰上烘烤。可可发现，纸上慢慢浮现出四个棕色的大字：

"吃货可见"

可可和静静大笑起来，把剩下的早餐如风卷残云一般一扫而空。

延伸阅读

你知道葱汁隐形墨水的原理是什么吗？

从葱白里挤出的汁液涂抹到纸上，形成了一种透明薄膜。它的燃点比纸要低一些，因此把纸放到火上，纸并没有烧着，葱汁却烧焦了，从而显现出棕色的字迹。除了葱白的汁液以外，柠檬汁、蒜汁、醋和洋葱汁都有这种特性。也就是说，它们的燃点都比纸张要低一些。因此生活中的隐形墨水其实随处可见，许多液体都能够用来写加密信件。下次你和朋友们不妨也试试这种方法，这样就没有人能看懂你们的"密码"了！不过，用火可千万要小心哦。

第三章

木木和电电的家具世界

3.1 台球

今天是一堂讲解动量守恒的课。

"物体的质量、速度和动量之间的关系是动量 = 质量 × 速度。这里动量和速度都是矢量，质量是标量。如果物理量不能单单凭借一个数值来描述，还需要讨论它们的方向，这样的物理量就是矢量，比如力、速度。标量是一种只有大小没有方向的量，比如长度、温度和我们刚刚提到的质量，这些物理量只用数值来描述即可。如果一个系统没有受到外力作用，那么这个系统里面各个成分的动量总和不随时间变化。这就是动量守恒定律。"

可可没有听懂，但放学之后立即就把没有听懂的事情抛在了脑后。快到家时，可可对静静说："要不来我家打台球吧。"

推开可可的家门，静静看到很多制作精美的木工制品。客厅的某个角落，一个人正在专心地锯一块木头。

"那是我爸爸木木，他很喜欢用木头做玩具给小孩玩。"可可介绍道，说着，从家里的某个角落拿出一盒彩色的木球，"这是我爸给我做的台球。"

"你要玩吗?"可可问。

静静不知道怎么玩，于是没有作声。

"你看，我教你。"可可说着，拿着一个球放在桌上，又拿出一个白色的球，用球杆对着那个球打。

只听见砰的一声，台球稳稳地落在了台球桌一角的袋子里面。

突然，可可想起一个疑问："为什么我用白球击打另一个球的时候，白球停下来，而另一个球好像按照白球的速度继续前进了呢？"

"那是因为它们的质量相同。你换质量不同的球试试看？"静静在房间四处看了看，发现了一对铁质的保健球，跟台球大小差不多，但是比台球重一些。于是静静取出一个递给可可："你用这个试试看。"

可可击打保健球，让它朝台球的方向撞过去。撞上之后，保健球并没有停，只是变慢了，而木质的台球以很快的速度冲进了台球桌一角的袋子。

"太神奇了，居然跟我用什么球有关！"可可感觉很兴奋，像发现了新大陆一样。

静静只是微微一笑。她早就料到这样的结果，但是再看一遍这样的过程仍然有很愉快的感觉。"那么我们现在用台球撞保健球呢？"

可可很兴奋，立即从袋子里面捞回了台球，然后把台球和保健球小心翼翼地摆在球桌上面。他用球杆击打台球，让它朝着保健球撞去。保健球只是缓缓地往前滚了一会儿就停住了，而台球却被保健球弹了回来。

可可惊呆了。为什么会这样？他又反复试了几遍，用不同的力度击打台球，有一次终于把保健球撞到了桌角的袋子里，但是台球以极快的速度弹回来了。

可可越发觉得好玩，又试了好几次。还有一次，他用一个台球击打另一个台球，但故意没有对准另一个台球的球心。两个台球各自向不同的方向跑去了。

"太好玩了！"可可有点上瘾，玩了很久。静静只是在旁边微笑地看着。看了一会儿，静静的目光从可可身上移开，在可可的家里寻找好玩的东西。突然，她的目光停在了一大盒气球上。

"你玩吹气球吗？"静静问正在聚精会神玩台球的可可。

"好啊。"可可把台球杆放在桌子上，转身从装气球的盒子里拿出了一个还没有吹过的气球。他费了好大力气，终于把气球吹大了，递给了静静。可可注意到静静的嘴角微微上扬，有一种奇怪的表情。可可正在猜想那是微笑还是嘲笑，或者是想跟他开玩笑的时候，就看见静静一拿到气球，突然就松手了。

可可正有点生气，静静怎么不好好拿着，让他白吹了半天，突然，他听到嗖的一声，气球在空中画出一道奇妙的曲线之后，掉在了地上。

"好神奇啊！"可可惊叹道。可可吹过无数次气球，但是每次吹完之后都小心翼翼地扎好，从来没有想过吹完气球突然放手会怎

样。今天是他第一次看见突然松手之后，气球在空中到处乱飞的场景。他觉得有意思极了，又把气球捡回来反复玩了好几次。

"这是什么原理呢？"静静问可可。

"啊，我知道了，是动量守恒！气球里面的气体是朝着一个方向喷出来的，这就会让气球本身被这股气向相反的方向推过去。"可可突然觉得老师今天上课讲的内容非常有意思。

"是的。"静静点点头表示赞同。

延伸阅读

1. 动量守恒有什么用?

动量守恒是一条特别"好用"的物理规律,这是因为只要系统不受外力作用(或受到的合外力为零),我们不需要知道这个系统中发生了什么,就能把系统开始的状态和最终的状态联系起来。例如上文中台球的例子,虽然台球在球桌上受到摩擦力,但是两个台球碰撞的瞬间,摩擦力和撞击力相比太小,可以忽略,所以动量守恒是近似成立的。这样,我们就不用关心台球碰撞中怎么形变,怎么恢复原形,怎么给彼此压力把彼此推开,只要计算初态和末态的动量,把两者画等号就可以了。

2. 动量守恒是怎么来的?

在牛顿力学中,动量守恒可以和牛顿第二定律、牛顿第三定律联系起来。牛顿第二定律是

$$力 = 质量 \times 加速度$$

对比动量的定义

$$动量 = 质量 \times 速度$$

我们知道，速度的变化是加速度随时间的积累，这就把上下两个公式联系了起来。对于受到的合外力等于零的系统，根据牛顿第三定律，作用力等于反作用力，系统内力总和为零，所以动量变化为零。

作为练习，你能用更严格的数学语言把上面的论证补充完整吗？

3. 变化率和导数

这个论证需要用到一些高级一点的数学工具，让我们一起学习一下吧。首先就是导数，听起来好像很"高大上"的样子，不过我们理解起来也并不难。导数实际上反映的就是变化率。那变化率是什么呢？比如一棵树在成长，它的高度会发生变化，这个变化有时快，有时慢。描述变化快慢的量就是变化率。某一个量 x 的变化量可记为 Δx，发生这个变化所用的时间是 Δt，变化量与所用时间的比就是这个量对时间的变化率，也叫作这个量对时间的导数。举个例子，加速度是速度对时间的导数，那么加速度 a 便可以表示为速度的变化比时间，即 $a = \dfrac{\Delta v}{\Delta t}$。通过这个例子，我们对导数和变化率有了一定的理解，下面给出导数的定义。

一个以 x 为自变量的函数 $y = f(x)$ 的导数记作 $f'(x)$，当 Δx 趋近于 0 时，$f'(x)$ 就是 $\dfrac{\Delta y}{\Delta x}$ 的极限，用符号表示就是 $f'(x) = \lim\limits_{\Delta x \to 0} \dfrac{\Delta y}{\Delta x}$。经过我们上文的铺垫，导数的这个定义就变得不是那么难理解了。好了，现在，跟上我们的节奏，开始论证吧。

根据牛顿第二定律，我们得到 $F = ma$，其中加速度 a 是速度对时间的变化率，即 $a = \dfrac{\Delta v}{\Delta t}$。这样一来，牛顿第二定律就可以写成 $F = m\dfrac{\Delta v}{\Delta t}$。

在牛顿力学中，我们认为物体的质量 m 和运动速度 v 无关，可以看作一个常数，因此牛顿第二定律可以进一步改写为 $F = \dfrac{\Delta(mv)}{\Delta t}$。

根据动量的定义 $p = mv$，我们可以把牛顿第二定律写成 $F = \dfrac{\Delta p}{\Delta t}$。也就是说，力是动量对时间的变化率。

假设现在有两个物体 A 和 B 发生相互作用，A 对 B 的作用力为 F_A，B 对 A 的作用力为 F_B。根据牛顿第三定律，作用力与反作用力大小相等，方向相反，

因此我们得到 $F_\mathrm{A} = -F_\mathrm{B}$。代入牛顿第二定律的表达式，我们得到 $\dfrac{\Delta p_\mathrm{A}}{\Delta t} = -\dfrac{\Delta p_\mathrm{B}}{\Delta t}$。也就是说，两个物体的动量变化率总是数值大小，方向相反。

如果我们将这两个物体的动量相加，那么由物体之间相互作用力（也就是系统内力）所引起的两个物体动量之和的变化率为零，即 $\dfrac{\Delta(p_A + p_B)}{\Delta t} = 0$。

由此我们得到 $p_A + p_B =$ 常数，两个物体的总动量不会因为它们之间的任何相互作用而改变，也就是动量守恒。

3.2　陀螺

早上，静静正走在上学的路上，突然听见有人叫她。转头一看，可可正骑着一辆自行车从后面过来。看见静静，可可停下了踩自行车的双脚，让自行车缓缓朝前滑行。快接近静静时，自行车变得很慢，几乎要停下来。可可努力地想维持自行车的平衡，可是他发觉那很难。他左右摇动着车把，但还是不行。于是他从自行车上下来了。

"静静，为什么我骑自行车很慢的时候，自行车很难平衡呢？"可可双手扶着车把，若有所思。

"啊，这是个复杂的问题。"静静低着头开始沉思，脚步开始变慢。

到了教室，老师讲的课令可可昏昏欲睡：

"物体转动的时候具有角动量。给定一个转动的参考点后，物体的位置、动量和角动量的关系是：角动量矢量 = 位置矢量 × 动量矢量。注意这里的乘法是矢量的'叉乘'。当系统没有合外力矩的时候，系统的总角动量是守恒的。"

"我没听懂老师讲的内容。"可可一副愁眉苦脸的样子。

静静抿着嘴笑了笑，从兜里掏出一枚一元钱的硬币。她把硬币立在桌子上，拇指轻轻一推，硬币在桌上颤颤巍巍地滚了一段距离之后，倒在了可可面前。

可可很苦恼，没有心情玩硬币，于是用食指把硬币推回静静的桌上，继续望着空荡荡的桌子冥思苦想。

"你知道为什么硬币滚得越快，越不容易倒吗？"静静似乎有些漫不经心地问道。

可可突然来了兴趣。是啊，为什么呢？他想不出来，只能仰头望着天花板。过了一会儿，他从静静的桌上拿过硬币，又用不同的速度滚了几次。

果然静静说得没错。他滚得快的时候，硬币不容易倒；滚得慢的时候，硬币就很容易倒；如果不滚，硬币很快就倒下了。

"原因就是今天老师上课讲的角动量定理。"静静用右手做出一个"棒"的手势，四指握紧，大拇指伸出来，指向自己的左边，然后把硬币立好并朝前滚去，"你看，我大拇指的方向就是硬币的角动量的方向。硬币朝右边倒的时候，角动量会发生变化。"静静调整自己手的方向，让大拇指微微朝上偏一点，然后左手的食指朝右上方指去，"这个方向就是角动量变化的方向。当硬币要倒的时候，重力有个力矩，这个力矩使得角动量变化。硬币滚得越快，角动量越大，那么重力让硬币的角动量变化相同的值时，硬币的偏倒速度越小。"

看到这，你可能会有点蒙，力矩是什么？力矩是描述力作用于物体时所产生的转动效应的物理量。在国际单位制中，力矩的单位是牛顿米（符号是 N·m）。简单来说，力是直接改变物体的平动状态的物理量，而力矩是改变物体转动状态的物理量。由此可知，力会产生物体的加速度，而力矩会产生物体的角加速度。当合外力矩为零时，物体不转动。我们前面提到过的杠杆平衡，就是一个很典型的合外力矩为零的例子。这一节讲的是角动量，自然要涉及力矩的概念，大家带着这样的理解，再体会一下吧。

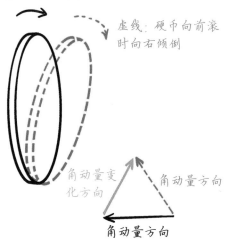

硬币倾倒示意图

"哎，我好像有点明白了呢！"可可恍然大悟的样子。

下课之后，班主任来了教室。

"同学们，我给大家公布一件事情。一个月之后，我们学校将举办悠悠球大赛，大家可以自由报名代表咱们班参赛！"

"我报名！"可可高高举起了手，他又转头望向静静，"你也报名嘛！"

"悠悠球是什么？"这回轮到静静不懂了。

"很好玩的！快报名嘛。"可可急促地说道。

"可是我不会玩呀。"静静有些犹豫，小声地说。

"我教你，很简单的。"可可一副胸有成竹的样子。

静静有些犹豫地也举起了手。

班上同学的目光全都转向了静静。又过了一会，班上很多同学都举起了手。班主任的眼睛眯成了一条缝，嘴角轻轻扬起，仿佛又年轻了几岁。"很好，这么多同学支持，咱们班一定能拿下第一名。同学们，今天咱们就放学啦！"

放学之后，可可邀请静静到家里玩。木木正在聚精会神地打磨着什么。看到儿子和同学回来了，木木给两个孩子展示了自己正在打磨的东西——一个陀螺。

"送你们一样好玩的东西。"木木最后打磨了几下，又在屋子里面到处寻找材料。他找到了一根木棍和一根绳子，把绳子固定在了木棍上面。他把绳子在陀螺的上半部分缠绕了几圈之后，左手无名指和中指把陀螺固定住，大拇指轻轻扶住陀螺的上部，右手抓住木棍，使劲一拉，陀螺便转了起来。

"太好玩了！"可可惊呼，眼睛盯着转动的陀螺。

过了一会，陀螺的转速开始降低，并且微微倾斜，随后开始绕着圈打转。又过了没多久，陀螺就倒下了。

"为什么陀螺最后会那样转呢？"可可一脸困惑地看着静静，伸出一只手比画着。

"这是因为陀螺的重心不再在陀螺支撑点的正上方的时候，重力会对整个陀螺产生一个力矩，这个力矩会让陀螺的角动量发生变化，让陀螺的中心轴绕着竖直的方向进行圆周运动。"静静伸出右手比画着陀螺受到的力矩的方向，左手比画着陀螺的角动量变化的方向。可可看到角动量的变化方向刚好就是陀螺受到的力矩的方向。

可可突然感觉好像明白老师上课讲的内容了。

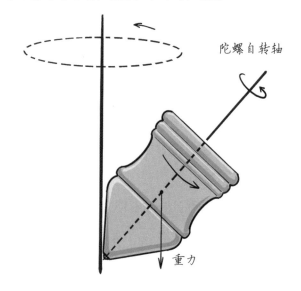

陀螺自转的同时还在绕竖直方向的轴旋转

陀螺自转轴

重力

即将倒下的陀螺

延伸阅读

自行车是怎么保持平衡的呢？

自行车轮子的转动，给自行车带来像硬币滚动、陀螺转动时一样的稳定性，这样，根据角动量定理，自行车就不那么容易倒了。如果你会拆装自行车，就可以做一个简单的实验：手持自行车轮，你会发现，如果自行车轮在转动，将自行车轮从竖直放到水平，费的力气要大一些。

但是，你可能会问，这是自行车平衡的主要原因吗？多思考一些，你就会怀疑这一点。自行车轮有大有小，有宽有窄，所以，同样的速度下，不同型号的自行车轮的角动量相差很大，为什么我们没有明显觉得轮子小或窄的自行车更难保持平衡呢（除了因为车太小，"施展不开"的情况）？另外，可可靠摇动车把来保持平衡，所以，车把的转动是不是也和自行车的平衡有关呢？转动车把，自行车会转弯，所需的向心力也对保持平衡有帮助。所以，转动车把来保持平衡听起来也有道理。车轮的角动量和转弯的向心力，哪个对自行车的平衡更重要呢？

回答这个问题，需要很复杂的受力分析，甚至还要考虑很难量化的骑车技巧等因素。不过，我们仍然可以通过实验来找到答案。你能设计出相关的实验吗？（如果没有专业保护装备，用思想实验的方式就好了，小心别摔伤哦。）

有人做过两个实验，发现：一是如果把自行车的龙头焊死，自行车就几乎没法保持平衡了（当然，有些技巧很高的骑手可以在自行车静止时仍保持自行车平衡，采取同样的技巧，他们仍然可能让这样的自行车在行进中保持平衡，只是更难了）；二是如果在自行车上加两个反向旋转的轮子，抵消车轮旋转的角动量，这种自行车就比较容易保持平衡。

加两个轮子的自行车

这么看来，控制车把对自行车保持平衡更重要。那么，不用控制车把的办法，就没办法保持自行车的平衡吗？也不是。例如，网上有技术达人制造了一辆"自动驾驶自行车"，用额外安装的电动金属轮盘的转动来维持自行车的平衡，这也是利用了角动量守恒的原理。

3.3　悠悠球大赛

"我们来一起做悠悠球吧。"木木拿出精心制作的悠悠球零件，招呼着静静和可可。静静看到六块圆盘形的木制品。

静静仔细欣赏着这些东西。零件的表面极其平整，摸起来特别舒服，而且散发着植物的芬芳，上面还涂了些红色和绿色，颜料是木木从不同的植物中提取出来的，很自然地跟木头本身的颜色结合在了一起。静静不由得悄悄惊叹了起来。她拿起其中两块，出神地看着。

"你们看，应该这样组装。"木木拿出其中两块进行了示范。静静和可可也跟着做了起来。很快，三人把三个悠悠球组装完毕了。

"你看，应该这样玩。"可可组装完毕之后，迫不及待地示范了起来，"这叫'地球自转'……这叫'火箭'……这叫'东京铁塔'……这叫'小狗漫步'……"

静静记不住那些招式的名称，只见悠悠球在可可的身边四处旋转翻飞，在空中画出不知道用什么函数来描述的曲线之后，又乖乖回到了可可的手里。静静盯着悠悠球的轨迹入了迷，好像一个木头人似的呆在了那里。木木看见静静的表情，很想笑，但还是忍住了。

"你应该从基础开始教啊。"木木笑着打断了可可的演出。

"好的。"可可说着，又迅速把悠悠球从手中释放，球快接近底部的时候，他把手微微向上一抬，悠悠球便听话地朝上走，回到了可可的手中。

静静于是拿来另一个悠悠球照着做。她学得很快，试了几次之后就会玩了。

突然，可可像发现了什么不得了的事一样，指着静静的悠悠球说："哎，你看，悠悠球变黄了！这是为什么？"

静静从容不迫地从空中接住悠悠球，指着悠悠球上面的颜色

说："这是因为人有三种视锥细胞，你可以简单地理解为，三种视锥细胞分别对红、绿、蓝三种颜色更敏感。当你看见红色的东西的时候，跟红色有关的视锥细胞会被激发；而你看到绿色的东西的时候，跟绿色有关的视锥细胞会被激发。黄色光的波长刚好在红色和绿色之间，当你看到黄色的东西的时候，跟红色有关的视锥细胞和跟绿色有关的视锥细胞会同时被激发。当悠悠球转起来的时候，红色的光和绿色的光混合起来，你就能看到黄色的光了。"

第二天上课，老师讲了转动惯量的知识：

"就像质量是惯性的量度一样，转动惯量是改变转动速度的难易程度的量度。对于一个确定的旋转轴，转动惯量和角动量、角速度的关系是：角动量 = 转动惯量 × 角速度。其中角动量和角速度是矢量，转动惯量是标量。"

可可盯着老师，很想弄明白那是什么，但是满黑板的公式仿佛天书，老师讲的内容他好像每个词都懂，连起来就不知道是什么意思了。他坐得很端正，但这好像对听懂老师讲的内容没有丝毫帮助。

静静在一旁把课本放在桌上摊开，却悄悄从书包里面拿出一本粒子物理的书，摊在腿上津津有味地看了起来。那书放在腿上的位置，她之前就和同学做过实验。一次下课，她让同学坐在自己的位子上，拿书尝试不同的摆放位置，自己在老师经常站的位置四处走，发现摆在那个位置老师看不见她腿上还有书。静静时不时抬头看看黑板，微笑着点点头，装作用心听课的样子。

下课铃响了，静静又用最小的动作把那本粒子物理的书悄悄塞进书包，眼睛盯着课本，装作一副上课一直在认真看书的样子。可可转头望向静静，不知如何开口，他想让静静给自己讲讲，但又觉得不好意思。

回家的路上，二人边走边玩着悠悠球。

"你的悠悠球好像比我的转得快！"可可惊讶地发现，"你用了什么技巧吗？"

静静被逗乐了："这不是因为我用了什么技巧，我的悠悠球的转动惯量跟你的不一样！不信你用我的试试。"

静静和可可交换了悠悠球。可可发现，静静的悠悠球确实比自己的转得快。

"回想一下老师上课的时候讲的定义，角动量 = 转动惯量 × 角速度，现在你是不是有所感悟了？"静静耐心地引导可可回忆知识点。

可可看着手中的悠悠球，努力回忆起知识点，若有所思地点点头。

延伸阅读

你知道光的三原色和颜料三原色有什么区别吗?

　　光的三原色是红、绿、蓝。三原色按照不同比例和强弱混合,可以产生自然界的各种色彩变化。与此同时,三原色之间是相互独立的,其中任何一种光都不能由其余的两种光混合而成。当两种光混合时,如下图所示,我们可以得到

红 + 蓝 = 品红

红 + 绿 = 黄

蓝 + 绿 = 青

　　当光的三原色混合在一起时,就是

红 + 蓝 + 绿 = 白

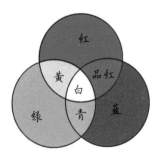

光的三原色①

---

① 由于印刷效果限制,图中颜色仅供参考。

颜料三原色是品红、黄、青。例如，颜料之所以呈现出品红色，是因为白光照在颜料上时，绿光部分被吸收了，反射出来的红光和蓝光组成了品红。黄色和青色颜料也是同样的道理。当我们把两种颜料混合时，如下图所示，我们可以得到

$$品红 + 黄 = 红$$
$$品红 + 青 = 蓝$$
$$黄 + 青 = 绿$$

当三种颜料混合在一起时，就是

$$品红 + 黄 + 青 = 黑$$

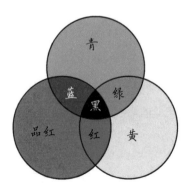

颜料三原色

3.4 扔书

今天的课上，老师讲了中间轴定理：

"上次课我们讲了针对一个特定旋转轴的转动惯量。但是，我们生活在三维空间中，一个物体可以绕三个不同的主轴旋转。比如，我们可以原地转圈，也可以向前、向侧面翻筋斗。一般来说，物体绕不同主轴旋转的转动惯量各不相等。有趣的是，物体沿转动惯量最大的主轴旋转，或者沿转动惯量最小的主轴旋转，都是稳定的，但是，沿转动惯量不大不小的那个主轴旋转是不稳定的。这就是中间轴定理。"

又是一节让可可头晕目眩的课。他转头望向静静，没等他开口，静静就知道他想要说什么。她从可可的桌上拿过物理书，递给可可："你看，像这样。"说着，静静拿出自己的书，书的侧面竖着对着自己，旋转着抛了起来。

"这样是不是很好玩？"静静看着可可，手上仍然不停地把书接了又扔。

可可有些惊愕，这有什么好玩的？但他不好意思说不好玩，只能勉强附和着："嗯。"

"你看，还可以这样。"静静又让书平行于桌面，长边对着自

己，旋转着抛了起来。

可可呆呆地看着，他并没有觉得这很有趣。但是，以他的经验而言，静静感兴趣的东西一般都很有趣。他思考着，这东西有趣在什么地方呢？

"你像这样子试试看。"静静看见可可没动静，于是调整了一下可可手上的书的位置，让书平行于桌面，短边对着可可，"你来转一下。"

这有什么有趣的？可可一边在心里抱怨，一边把书旋转着抛了起来。可是，那书仿佛不听话，在空中乱转，回到可可手里的时候，竖过来了。可可又试了好多遍，那本书总是不会按照可可的想法转，到空中之后总是无规则地乱动，每次回到手中的时候，都不是最初摆放的那样。可可突然感觉有些难过，老师讲课听不懂就算了，怎么扔书这样简单的游戏自己都玩不来呢？

"这就是老师今天讲的中间轴定理的内容。"静静解释道，"这本书有三个轴，分别对应着三个不同的转动惯量。我抛的时候选择的是转动惯量最大和最小的两个轴，所以能够稳定转动。而你抛的时候，选择的是转动惯量不大不小的那个轴。这样的运动很不稳定，很快这本书的转动方向就会发生变化。"

可可按照静静说的，换了个方向，果然书不再乱转了。原来如此，真的很好玩！可可突然感觉入迷了，又反复试了好几次，直到上课铃响他才停止。

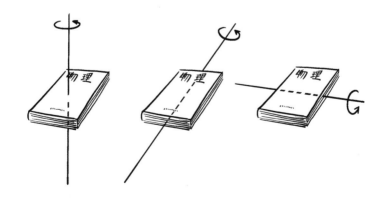

延伸阅读

中间轴定理是如何被发现的？

中间轴定理也叫网球拍定理，或者贾尼别科夫效应，该效应最初是 1985 年由苏联宇航员弗拉基米尔·贾尼别科夫在空间站中偶然发现的。贾尼别科夫在空间站中旋转一颗螺母，发现螺母在很短的一段时间内维持它原本的旋转方向，然后翻转 180 度，几秒钟之后，又翻转了回来，并以固定的频率来回翻转。这种运动并不是由加在螺母上的外力或者外力矩引起的（空间站中物体基本处于失重状态），因此这种神奇的现象令人惊奇。直到 1991 年，一篇题为《扭转的网球拍》的论文解释了该效应。

3.5　抽纸

今天是一节讲动量定理的课：

"在讲动量定理之前，我们要先讲一下冲量的概念。冲量是力对时间的积分，也就是 $I = \int F dt$。假设时间很短，我们用 Δt 来表示，那么在 Δt 这段时间内物体受到力 F 的冲量就是 $\Delta I = F \Delta t$。

"动量定理告诉我们，物体在一个运动过程始末的动量变化量等于它在这个过程中所受力的冲量，也就是 $I = \Delta p$。如果我们代入动量和冲量的表达式，就可以得到我们最常见的动量定理的表达式 $F \Delta t = m \Delta v$。"

可可看着满黑板的字，感觉有些绝望。他的眼皮逐渐耷拉下来，黑板上似乎只剩下一个 $F \Delta t = m \Delta v$。他的头有点晕，脑子仿佛冻住了，木木的，不能思考。他用意志力让自己的身体保持垂直，想集中注意力在老师讲课的内容上，但他做不到。过了一会儿，他已经眯起的眼睛看见老师转过身子写板书，他终于忍不住了，于是趴到桌子上，沉沉地睡去了。过了一阵子，下课铃响了，可可又神清气爽起来。

可可扭头看着旁边的静静。静静仍然把课本规规整整地用文具袋压在桌上，眼睛却盯着腿上的那本粒子物理的书。过了一会儿，她打算把桌上的课本换成下一节课的，从书包里面拿书的时候，她注意到可可在看着自己。

"老师今天上课讲了什么？"静静看了看黑板，但黑板上最后一行字已经被做清洁的同学给擦掉了，她于是扭头看着可可。

"讲了 $F\Delta t = m\Delta v$ ，但我不知道这是什么。"可可努力想回忆起老师上课说过的话，但只记得闭上眼睛之前模模糊糊看见的黑板上的公式，"这个东西好像叫作动量定理。"

静静从抽屉里拿出一张 A4 纸放在可可的桌上，又把可可的物理书压在了这张纸上，说："你来把这张纸从书底下抽出来，让书仍然保持在桌面上。"

这肯定是一件很难的事情！可可心想，他小心翼翼地拉那张A4 纸，但是书仿佛粘在那纸上一样，随着纸被拉出来，掉到了地上。他觉得自己运气不好，于是重复做了好几次，每次书都会掉到地上。

"这不可能吧！"可可疑惑地看着静静，想着她是不是在用不可能完成的任务来捉弄自己。说着，他把书从地上捡了起来，把 A4 纸放在书底下，规规整整地摆好。

静静用拇指和食指抓住 A4 纸的边缘，快速地往外一抽，书只稍稍挪动了一点点，仍然平平稳稳地待在桌上。

"原来需要快速地把纸拉出来啊！"可可明白了。

　　"你看，当你快速地把纸从书下面拉出来的时候，纸和书之间的摩擦力乘以摩擦力的作用时间就会比较小，书获得的动量也比较小，所以书就能停在桌上。但是如果你慢慢抽出来的话，作用时间变长，书获得的动量大，书就会随着纸一起运动了。"静静说。

延伸阅读

1.为什么玻璃杯掉在地上很容易碎，而掉在毯子上不容易碎？

玻璃杯从同样的高度落下，碰到地面或者毯子的那一刻，速度都是一样的，并且在碰撞之后速度归零。因此无论是落在地上还是毯子上，速度的变化量都是相同的。也就是说，碰撞过程中玻璃杯动量的变化都是相同的。根据动量定理，地面和毯子给玻璃杯的冲量是相同的。

根据冲量的定义，冲量 ＝ 力 × 力的作用时间。玻璃杯与毯子发生碰撞时，由于毯子比较软，容易变形，因此碰撞时间比较长，碰撞时玻璃杯的平均受力较小，也就不容易碎。

2.什么是积分？

上文中提到，冲量是力对时间的积分，那么积分是什么呢？回忆一下，我们前面讲解过导数的概念。积分跟导数之间是有关系的：积分是导数的逆运算。比如加速度是速度对时间的导数，那么速度就是加速度对时间的积分，可表示为 $v = \int a \mathrm{d}t$，其中 $\mathrm{d}t$ 可以近似理解为我们之前提到的 Δt。这就是一个比较典型的积分，理解到这就足够了。

3.6 伽利略温度计

今天是一堂讲浮力的课：

"物体在水中受到的浮力大小，等于物体排开的水受到的重力。浮力的方向与重力相反。

"关于浮力，有一则有趣的故事。据说，国王让阿基米德检查一顶皇冠是不是纯金的，但不能损坏皇冠。阿基米德苦思冥想也想不到办法。一天，他洗澡进入澡盆的时候，注意到澡盆里的水溢了出来，忽然想到了检验皇冠的办法。他兴奋地大喊：'尤里卡（Eureka，意为我发现了）！'因为这个故事，后来人们把科学家由灵感引发重大发现的时刻叫'尤里卡时刻'。

"另外，大家注意了，这里说的是'排开的水'，并不是容器里实际有多少水。给大家留个思考题：如果我吐一口口水，有没有可能浮起一艘万吨巨轮呢？"

这节课还算简单，可可听懂了，觉得很开心。放学回家的路上，他的脚步轻飘飘的，时而忍不住轻轻跳起来，时而走在静静的前面，时而又走在后面。快到家的时候，他又邀请静静去他家里玩。

静静进门的时候，木木正在聚精会神地雕刻一个东西。雕好之后，他在一个透明的容器里加满液体，又在里面放了很多装着不同颜色液体的小玻璃瓶。每个小玻璃瓶底下都有一个金光闪闪的牌子，牌子上面写了不同的数字。仔细封装好之后，他把这个透明的容器固定在他刚刚雕刻好的木底座上面。

"爸爸，今天是静静的生日，可以把这个玩具送给她吗？"可可的声音明显越来越弱，他看着木木，一副祈求的样子。

"没问题！"木木很爽快。他用双手握住那个透明的容器，一会儿，可可和静静看见容器里面的小玻璃瓶子一个接一个地缓缓落了下去。

"现在它是你的啦！"木木的手从透明容器上面移开，把那个东西往静静的方向挪了挪。

"谢谢叔叔！"静静被这个礼物吸引了。静静最喜欢看魔法小说，那一个个小瓶子里面仿佛装着巫师炼成的魔法药水，而每个小瓶子底下的数字，似乎在描述着这瓶魔法药水的用途。

"这是怎么回事？"可可惊叹道。他显然也被"魔法药水"的"魔力"给吸引住了。

"你还记得之前课堂上讲的液体的热胀冷缩原理吗？这个东西其实是一个温度计，名叫伽利略温度计。温度比较高的时候，大瓶子里的液体会膨胀，导致密度降低。而大瓶子里面一个个五颜六色的小瓶子，则是装着不同密度液体的小瓶子。如果小瓶子的密度跟外面的液体密度刚好相等的话，小瓶子排开液体的重力刚好等于小

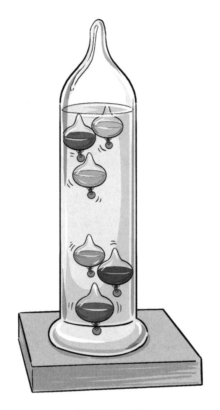

伽利略温度计

瓶子所受到的重力，这样的话，小瓶子会悬浮在大瓶子的中央。如果小瓶子的密度比外面的液体密度低，小瓶子则会上浮。而如果小瓶子的密度比外面的液体密度高，小瓶子就会下沉。每个小瓶子底下的数字就是温度。你如果想知道现在的温度是多少，直接看悬浮在中央的那个小瓶子底下写着什么数字就可以了。"静静解释道。

延伸阅读

1. 一滴水能不能浮起万吨巨轮?

根据阿基米德的浮力定律,浮力的大小与排开的水有关,与剩下的水无关。理论上,哪怕只剩一滴水,也能摊开很大很大的面积,只要我们把这滴水涂满万吨巨轮的底部,就可以让巨轮浮起来。但是这也仅仅是理论上,在实际操作中是做不到的。有人做过计算,如果想在万吨巨轮的底部涂上一层水分子,那么需要大约4滴水(一滴水约0.05克)才能涂满。然而,浮力定律这样一个宏观定律在微观层面是否依然适用?只有一层水分子能不能产生浮力?这些都是要打上问号的。

2. 阿基米德原理

阿基米德原理告诉我们,浸在液体中的物体受到向上的浮力,浮力的大小等于它排开的液体所受的重力。通过这个原理,我们就可以计算生活中的一些浮力了。你可以尝试做一个实验,在一个盛满水的盆子中放一艘玩具小船,用另一个盆子把溢出的水收集起来,然后对收集的水称一下重,溢出的水的重力大小就是玩具小船所受浮力的大小。

3.7　修空调

静静小心翼翼地拿着木木送给她的伽利略温度计，回到了自己家里，摆在桌子上。她又出神地盯了那东西很久很久。浮力居然可以用来测量温度！虽然这个原理对她来说并不复杂，但这个设计仍然充满智慧的魅力。夕阳的余晖照在玻璃瓶子上，那瓶子显示出越发迷人的色彩。她不禁在心里发出一声赞叹。

第二天早上起床的时候，静静感觉很燥热，衣服也被汗水浸湿了一片。空调仍然开着，但静静看见伽利略温度计浮在中间的示数变成了30。

今天是一堂讲热机的课：

"热机是一种能够将热源提供的热量转化为机械功进行输出的机器。蒸汽机就是一种常见的热机。在电影中，我们可以看到用蒸汽机驱动的老式火车机车。工人们不停地往蒸汽机锅炉里添煤，煤燃烧产生的热量的一部分就会被蒸汽机转化为机械功，推动火车前进。但是热机不能把从热源获得的所有热量都转化为机械功，总有一部分会以热的形式散失到空气中。

"与这个概念相似的还有制冷机。空调就是我们日常生活中最常见的制冷机。我们给空调插上电源，用电能驱动空调做功，把室内的热量'搬运'到室外，从而降低室内的温度。"

和往常一样，可可又没有听懂。到了家门口，可可看见静静并没有立即回家，而是跑到了家旁边的图书馆里看书。可可连忙问为什么。

"我家的空调坏了，家里面太热，所以我来蹭蹭空调。"静静有些不好意思地笑了，低下了头。

可可听了很高兴，因为他的妈妈电电擅长维修各种电器，修空调对她来说可谓小菜一碟。可可就带着静静去找妈妈。

回到家之后，可可只看见爸爸木木，没有看见妈妈电电。他于是问木木："妈妈呢？"

木木有些吃醋了："哟，跟爸爸说话只是为了找妈妈呢！"不过说归说，他还是带可可去找妈妈了。

"有什么事吗？"电电问。

"静静家的空调坏了，"可可说，"你能帮她修一下吗？"

"没问题。"电电说。

于是可可和电电来到静静家。电电熟练地将梯子摆好，踩上去，开始检查空调。

可可望着电电的动作，突然觉得很疑惑，不禁自言自语："为什么空调必须安在那么高的地方呢？"他心想，如果安在人伸手就

能够着的地方，不是更方便吗？

"这是因为冷空气的密度比热空气的密度高。所以空调安在比较高的地方，冷空气下沉，热空气上浮，就可以促进整个房间的空气对流。但是如果空调安在比较低的地方，那就会导致冷空气一直在下面，热空气一直在上面，这样的话，你的脚就会很冷，但是身体仍然会很热。"静静说。

正说着，电电很快就发现是空调室外机的风扇不转了。

"空调是怎么工作的呢？"可可突然想到了这个问题。

"空调由室内机和室外机两部分组成。室内机主要是蒸发器，它的作用是让制冷剂吸热蒸发。室内机和室外机是连起来的，蒸气跑到室外机之后，室外机又对蒸气进行压缩。压缩的过程中会放热，所以室内的热量就被空调'搬'到室外啦。"静静解释道。

原来是这样！可可突然明白了老师今天上课讲的内容。

正说着，电电很熟练地把空调给修好了。她拿过空调遥控器按了一下，静静顺势把房间的门都关上了。然后静静站到空调出风口前，沐浴着那凉凉的空气，瞬间有了一种很清爽的感觉。

"为什么你要把门都关上呢？"可可注意到静静的动作，感觉很好奇。

"这是因为如果门是开着的，由于空气对流，房间里就不能保持在比较低的温度了。热的传递主要是通过三种方式进行的，分别是热传导、热对流和热辐射。这里面热对流是效率比较高的，而热传导的效率没有热对流高。如果把门关上了，屋子里面和屋子外面的热传递只能通过热传导来进行，这样就比较有利于把屋子里的空气保持在一个比较低的温度。"

过了一会儿，可可听到了滴滴答答的声音。他凑近窗户，往窗外望去，发现有水一滴一滴地落在房子外面的地上。

"你快看！这是怎么回事？"可可招呼静静过去看。

"这是因为室内机里面的空气非常冷，而冷空气里面能容纳的水蒸气比热空气少，多余的水蒸气遇冷就凝结成小水珠，被空调排出去了。"静静解释道。

过了一会儿，可可发现到处都开始滴水。他向天空望去，天色渐渐暗了下来，窗外的云变成了乌黑色。

"下雨也是一样的道理。空气中有很多的水蒸气，当热空气和冷空气相遇的时候，热空气会变冷，不能容纳之前那么多的水蒸气。由于空气中有一些灰尘，这些水蒸气就会以灰尘为凝结核，凝结成水珠。水珠会越变越大，变成大水滴。当空气托不住大水滴的时候，这些大水滴就从空中落下来，成了雨。"静静继续说。

忽然，屋子里亮了几下，可可和静静朝窗外望去，乌黑的云中间的一块闪亮了一下，一条亮线闪现出来，好像鞭子一样连接着云和地面。那鞭子出现了一瞬间就消失了。又过了一会儿，他们听见了轰隆的声音，那声音低沉而有力。窗外的雨下得更大了。

"打雷和闪电又是怎么回事呢?"可可又来了新问题。

"那些云的顶端带正电荷，底端带负电荷。而地面由于云的静电感应作用，也会带上正电荷。这样，云层和地面之间就相当于一个大大的电容。当云层里的电荷聚集多了之后，云层和地面之间的空气就会被击穿，形成闪电。闪电非常厉害，电压是 1 亿到 10 亿伏，平均电流是 3 万安（电流单位安培，简称安，符号是 A），最大电流可以达到 30 万安。"

延伸阅读

1. 如何让空调制热呢?

空调制冷、制热的原理是一样的，都是搬运热量。不同点在于：空调制冷时，是把室内的热量搬运到室外；而制热时，是把室外的热量搬运到室内。有时候为了更暖和，空调还会直接用电能产生一部分热量。

2. 用干冰进行人工降雨的原理是什么?

干冰是固态二氧化碳。干冰在云层中升华，生成二氧化碳气体的过程中，要吸收大量的热量，使云层温度急剧下降，空气中的水蒸气遇冷凝结，形成降雨。

3. 为什么先看见闪电，后听见雷声?

闪电是光，它的速度大约是每秒 30 万千米；雷声是声音，它在空气中的传播速度一般大约是每秒 340 米。光的传播速度比声音快得多，所以虽然闪电和雷声是同时发出的，但它们传到我们这儿的时候，闪电总是先到，雷声总是后到。

4. 日常生活中还有哪些静电现象呢？

如果你生活在相对干燥的地区，冬天在黑夜中脱毛衣的时候，毛衣上总是会出现一点点的亮光，并且有啪啪的声音。有时用手触摸门把手的时候，也会碰到静电，手会不由自主地缩回来。这些都是静电的作用。

3.8 电视

今天上课的时候，老师讲到了洛伦兹力的概念：

"带电粒子在磁场中运动的时候，会受到磁场对它的作用力，这个力就是洛伦兹力。当然，并不是磁场中所有的带电粒子都会受到洛伦兹力，只有运动方向与磁场方向不平行的带电粒子才会受到洛伦兹力。洛伦兹力的公式是 $\boldsymbol{F} = q\boldsymbol{v} \times \boldsymbol{B}$，注意这里的速度 $\boldsymbol{v}$ 和磁感应强度 $\boldsymbol{B}$ 都是矢量，我们做的是矢量的叉乘运算。根据矢量的叉乘运算法则，当两个矢量平行时，矢量叉乘得到的结果是 0。这就对应了我们上面所说的，只有运动方向与磁场方向不平行的带电粒子才会受到洛伦兹力。"

可可听得无精打采。放学之后,他回到了家中,发现爸爸妈妈正在看电视。看到可可回来,电电就随口问了一句:"今天上课学了什么呀?"

可可说:"学了洛伦兹力。"他觉得很乏味,带电粒子在磁场中会受到洛伦兹力的作用而产生偏转,跟他有什么关系?电电看的电视节目显然也没有办法吸引他。但听见妈妈招呼自己,他就走过去,坐在妈妈旁边,顺手从桌上拿了遥控器,换到了美食节目。

"晚上给你们做好吃的。"可可说着,沉浸到电视节目里面那美妙的自然风光和美味的食材里了。过了一会儿,节目里面制作美食的蒸汽好像穿过了电视屏幕,弥漫到家中,空气中仿佛到处都是食物的香味儿。电视节目结束之后,可可把电视机关掉了,迫不及待地想用家里的食材照着节目里的做法试试。

"你知道电视是怎样显示出那些画面的吗?"可可看美食节目的时候,电电并没有打断可可,也没有因为可可把自己的电视节目换走而生气。她并不像可可那么喜欢美食,但是她很喜欢跟儿子在一起的时光。

可可听到这个问题之后愣住了。是啊,自己经常看电视,可是怎么从来没想过这个问题呢?

"我不知道呀,是怎么显示出来的呢?"可可虽然不知道,但是很好奇。

"以前大部分电视是阴极射线管做的。阴极射线管就像一把枪，这把枪能够射出电子。射出的电子可以受到磁场的作用，这就是你们今天学到的洛伦兹力的作用。电子打在荧光屏上，让荧光屏发光。通过调节磁场的强度和方向，你可以让电子按照一定的顺序快速扫遍整个屏幕，让整个屏幕发光。"电电公布了答案。

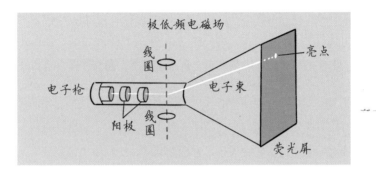

阴极射线管

"原来利用洛伦兹力可以做电视！"可可大开眼界，"可是怎么调节磁场的大小呢？"

电电于是拿出一个线圈。她给线圈通上电之后，在线圈周围撒上了一些铁粉。可可看到这些铁粉突然很听话地排成了整齐的队伍。

"通电螺线管的周围会产生磁场。电流越大，产生的磁场越强。所以你可以通过控制通电螺线管里的电流大小来控制磁场的强弱，从而达到控制电子的偏转角度的目的。这些电子在磁场的精准控制之下会扫遍电视机屏幕的每一个角落，从而让电视机显示出图像。"电电解释道。

延伸阅读

1. 你知道极光是怎么产生的吗?

极光的产生就和我们这一节讲的洛伦兹力有关。在高纬度区域,来自太阳风的高能带电粒子被地球的磁场引导进入地球大气层。这些带电粒子(主要是电子)与大气原子、分子碰撞,使后者受到激发而发光。由于不同的气体受轰击后发出不同颜色的光,从而产生了绚丽的极光。

2. 电场和磁场

从定义上说,电场是电荷及变化的磁场周围空间里存在的一种特殊物质。它与通常的实物不同,不是由分子或原子所构成的,我们没法看到它,也无法把它拿起来。但它是客观存在的物质,且对其中的电荷有作用力,这种力被称为电场力。当电荷在电场中移动时,电场力对电荷做功。磁场是传递实物间磁力作用的场。运动电荷产生磁场的本质是运动电子或运动质子所产生的磁场,比如说电流所产生的磁场就是在导线中运动的电子所产生的磁场。

那么电场和磁场之间有什么关系呢?首先,电场是由电荷产生的，能够传递电力和电场能。而磁场则是由电流产生的，它能够传递磁力和磁场能。在电荷静止的情况下，通常只有电场存在，而没有磁场。但是，当电荷运动时，就会产生磁场。电场和磁场在一定条件下可以互相转化。比如电流通过导线时，就会在导线周围产生一个环绕的磁场；同样，当一个导体在磁场中运动时，导体中就会产生一个电动势，从而产生一个电场。这种电场和磁场相互转化的关系可以用麦克斯韦方程组来描述，不过这需要较多的数学和物理知识储备，我们在此就不做过多解释了。

3. 洛伦兹力公式中的单位

在国际单位制中，洛伦兹力 F 的单位是牛顿，符号是 N；电荷量 q 的单位是库仑，符号是 C；速度 v 的单位是米每秒，符号是 m/s；磁感应强度 B 的单位是特斯拉，符号是 T。

第四章

波波和粒粒的粒子宇宙世界

4.1 钓鱼

波波申请的大笔经费批下来了。他一改平日的寡言少语，紧皱的眉头放松了下来，嘴里还哼着脑子里突然出现的优美旋律，那是粒粒经常在家里弹奏的莫扎特的奏鸣曲 K.330。他比平时稍稍愉悦一些，但也没有大喜的感觉，因为他早就知道他的成果对于拿到这笔经费而言几乎是绰绰有余了。

"我拿到了那笔经费。"回到家，波波告诉了粒粒这个喜讯。他的语气仍然是那么不急不缓，但粒粒分明听出他比平时心情愉悦。

"要不咱们带静静出去玩吧。你都几年没有放假了！"粒粒小心翼翼地提问，她担心波波又说不行。平时，波波总是一回家就对着电脑屏幕，不怎么说话。就算是不在工作，比如说走路或是吃饭的时候，他脑子里也总是想着工作上尚未解决的问题。他有时候会喃喃自语，有时候会用所想的问题问粒粒。但是由于专业不同，粒粒每次听到这样的问题脑袋都有一种紧绷的感觉，很多问题她也不知道答案，只能努力地理解并且引导着问波波一些别的问题。极个别时候，波波会突然从粒粒的问题里面得到灵感，找到前进的方向。但更多的时候，波波总是在独自思考。久而久之，粒粒也对此习惯了。

当然，更重要的是，每当波波闲下来的时候，粒粒又忙了。有时候粒粒想休息休息，享受一下生活，去附近的山里面住几天，呼吸一下新鲜空气，听听山里淙淙的流水声，忘记所有的压力，但每当这时候，波波就会提醒她："你还有一个申请没提呢，咱们等你忙完了再去玩，要不然会影响下次申请经费的。"粒粒只得回到电脑桌前思考、查阅资料。她感觉自己像一个不断振动的弹簧一样，永无停歇的工作好像阻尼项，把她的能量消磨殆尽。但每当这时候，波波又会拽她一把，让她重新恢复振动。她很感激波波对自己的敦促，没有他就没有她今天的成就。

粒粒不是一个喜欢安静的人，她总感觉很孤独。静静出生之后，她的世界仿佛突然由黑白变成了彩色。她觉得静静是个小天使，身上总是充满着奇妙的魔力。静静还小的时候，粒粒就经常对着静静讲神奇的物理知识。她的朋友看见她这样，都觉得好笑："小朋友能听懂吗？"但粒粒并不在意静静能不能听懂，只是痴痴地给她讲。神奇的是，无论如何哭闹，听见粒粒讲物理之后，静静都会逐渐安静下来，再听一阵子，静静眼睛里好像放出光芒一样。静静说出的第一句完整的话就是："我们的世界有边吗？"粒粒听了大为惊叹。只有她知道，静静也许真的听懂了一点点。有时粒粒会被科研上的难题困住，她就会对着静静倾诉。虽然静静听不懂，但是有时好像给静静讲了之后，粒粒突然就能解决难题了。这让她更加相信静静身上有一种神奇的魔力了。

波波对出去玩提不起兴趣，但是长年累月的科研生活让他没有时间陪伴家人，他也总是在内心里悄悄责怪自己。静静小的时候，他曾经尝试过做一个好父亲，但是每当他从粒粒手里接过静静的时候，静静就大哭起来，弄得他手足无措。对他来说，让小孩安静下来似乎比科研中遇到的难题更加棘手。他不知道静静为什么哭，是因为饿了吗？好像也不是，每当他试图把奶瓶的奶嘴送到静静口中的时候，静静总是好像一脸嫌弃地歪过头去，甚至哭得更厉害了。他尝试着周末在家带孩子，但孩子的哭声消磨掉了他很多的能量。每当周一早上坐到办公室里之后，他才终于感觉到浑身轻松了。

后来，他有时只能让自己的父母代劳了。波波的父亲阿淼是个天生的喜剧演员，每天笑呵呵的。他似乎知道孩子的世界是什么样子的，静静在想什么，都逃不过他的眼睛。他夸张的面部表情每次都能吸引静静。后来，他经常对着静静玩各种神奇的科学小把戏。

等静静长大之后，波波有时也会跟粒粒和静静分享自己的工作和有趣的物理知识，但从来没有想过要出去玩。也许长年累月的歉疚让他希望补偿自己的家人，这次他欣然同意了。

"你们有什么计划吗？"他知道自己有责任规划这些，粒粒已经付出得够多了，但不知为何，他仍然问出了口。哪怕是自己的城市，他也从来不知道有什么好玩的地方，也从来没有想到要考虑这些。说着，他已经在电脑浏览器上打开了一个新的标签页，却发现根本不知道该怎么搜索。他思考了一下，打算搜索哪里有好玩的，但好像这样做目标又太宽泛了。于是他打算拿出手机问问自己的同事有何建议，但粒粒在旁边注视着他的动作，他不想显得这么笨拙，就停了下来。

"没有啊，随便出去走走吧。"粒粒说。她得到肯定的答复已经很开心了。

于是三人随便收拾了一下就出门了。

"哎，你们要出去玩吗？"刚出门，他们迎头看见可可，可可手上拿着一根钓鱼竿，正打算去钓鱼，"你们去哪里啊？"

"哈哈，我们还没有什么计划呢。"三人被可可逗乐了。

"要不我们去湖边钓鱼？"可可提议。

"你真是及时雨啊！"波波拍拍可可的肩膀，赞叹道，仿佛遇见了大救星。他怎么也没想到自己有一天会需要邻居家孩子带领。

"你们等等啊，我再回去拿点东西。"可可转头回去多拿了一根钓鱼竿，还拿了些别的东西。他们三人索性也回家拿了些觉得可能有用的东西。

到了湖边，可可和静静开始钓鱼。波波不忍心伤害小动物，于是没有给静静安装鱼钩，只是让浮漂漂在湖面。他第一次享受到这种无忧无虑的感觉，觉得心情舒畅。

"你还真是姜太公钓鱼，愿者上钩啊！"粒粒在一旁笑着。她也不忍心伤害小动物，但还是想调侃一下波波。

"鱼来了，可可！"静静用手指着一个地方，悄悄对着可可说，生怕把鱼儿给吓跑了。可可疑惑地望向静静，心里奇怪自己怎么看不见鱼。他看见静静戴了一副墨镜，感觉她与平日不太一样，多了一点酷酷的感觉。

"小鱼要上钩了，可可。"可可听到静静几乎没有声音的声音之后，很快，浮漂就沉下去了。她怎么知道？可可惊呆了，他以为自己遇到了神仙。

"你怎么知道的?"可可问静静。

"我看见的啊。"静静感觉有些奇怪，她不知道可可为什么问这样的问题。

"但是我怎么只看见湖面上波光粼粼呢?"可可仍然充满疑惑。

静静这才明白可可的问题。她放下鱼竿，从书包里面取出她练艺术体操的飘带，四处挥舞着，时而上下，时而左右，时而又斜着挥舞，边挥舞边往后退。可可看着那飘带在空中变成了波浪形。

"阳光就是一种电磁波。电磁波就是弥漫在空间中的电场和磁场的振动。变化的电场能产生磁场，变化的磁场能产生电场，而电场、磁场都像这样变化的时候，就会产生电磁波。"静静一边说着，一边仍然挥舞着飘带。过了一会儿，她停了下来，指着太阳对可可说："你看，太阳光从那个方向斜着照向湖面，再反射到我们的眼睛的时候，因为湖面是水平的，所以只有水平方向振动的电磁波能够幸存下来。我们把这样的光叫作偏振光。所以你看到湖面波光粼粼的，其实看到的是偏振光。"静静说着，朝水平方向挥舞着飘带。

过了一会儿，静静摘下眼镜，拿到可可面前。"这副眼镜的镜片其实是偏振片，它的方向是上下的。"她的手指在镜片上上下晃动，"意思就是说，只有这样振动的光才能通过镜片。而湖面反射到人眼的光是这样振动的。"她的手又横着左右摆动了一下，"所以，湖面反射的那种水平方向振动的偏振光是不能通过这副镜片的。"

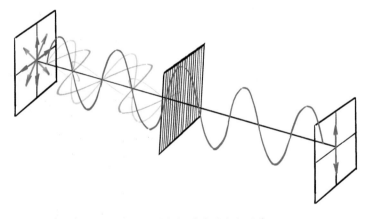

自然光通过偏振片变成偏振光①

"但是——"静静把眼镜竖了起来，递给可可。可可透过其中一个镜片，又看见了波光粼粼的湖面。

"太神奇了！"可可不由得发出惊叹，觉得那湖面的风景更加迷

———————————

① 正常情况下，人眼是看不到偏振片上的光栅（条纹）的，为方便理解，我们将它画了出来。

人了，"这是因为现在眼镜的偏振方向变成了水平的，所以湖面反射过来的光就可以被我们看见了？"他很小心地说，生怕说错了在静静面前没面子。他在静静身边偶尔会有一种透不过气来的感觉，他不想什么东西都依赖静静才能学会，但是他常常听静静说一两句，就能恍然大悟，于是内心总是在矛盾中挣扎，有时晚上睡觉时还会躲在被子里偷偷哭鼻子呢。

但静静似乎丝毫没有察觉，她只是总看到可可好像不明白的样子，于是就给他讲。看到可可在她的讲解下逐渐懂了一些东西，她感到很开心。"就是这样。"她赞同地点点头。

"你知道电视是什么原理吗？"静静话锋一转，问了这个问题。

终于问到我知道的问题了！可可很高兴，于是把昨天妈妈给自己讲的知识复述给了静静。

"那个是比较旧的电视机的原理，现在的电视一般都是液晶电视。"静静伸出两只手比画着，一只手四根指头朝前，另一只手四根指头朝上，"电视会从我的左边照过来一束光。我的左手和右手就像两张偏振片，中间有一层液晶。我的一只手横着，一只手竖着的时候，光是不能通过我的手的，因为光从我的左边照射到我的两只手之间的时候，就只剩下上下振动的偏振光了，这样的偏振光遇到我的右手时，就不能通过了。但是如果中间有一些斜着排列的液晶，光就能够通过，从而在显示屏上面显示出颜色。"

"原来两个偏振片也能组合起来用啊。"可可若有所思地喃喃自语道。

延伸阅读

如何判断太阳镜是不是偏光镜？

我们知道，当自然光通过偏振片时，只剩下偏振片透振方向的分量。这就意味着如果将两副具有偏振效果的太阳镜沿其透振方向平行放置，光线经过第一副镜片后，仍可以顺利通过第二副镜片。因此，镜片看上去还是透明的，只是光强稍弱一些。但如果将第二副太阳镜旋转 90 度，光线经过重叠的第一个镜片后，就无法通过第二个镜片，看上去将是漆黑一片。利用这个原理，我们就能够顺利判断出购买的太阳镜是不是偏光镜了。

但如果手边只有一副太阳镜，又应该怎样判断呢？这时候就可以用上液晶显示屏了，比如常见的手机屏幕、电脑显示器。液晶屏发射的光线属于偏振光，因此，我们把偏光太阳镜的镜片放到屏幕前面旋转一周，就会看到光线从亮变暗，再变亮，再变暗的现象。严格来说，最暗与最亮处太阳镜的摆放位置应互为 90 度角。

4.2　热汤

可可突然想起钓鱼的事情，连忙把鱼竿拉起来，但鱼钩上没有鱼，狡猾的鱼把东西都吃了就走了。不过可可觉得那不重要，又明白了一些新的知识才是更让他开心的事情。可可又向四处张望，目光落在了波波的身上。

"我平时好像没怎么见过叔叔。"可可小声地对静静说。可可想起平时偶尔见到波波，那脚步总感觉在飞。

"爸爸每天做研究很忙。"静静小声回答。她也望向波波和粒粒的方向，两人都专注地盯着水面的浮漂，偶尔才小声说几句话，时不时又突然一起小声笑起来。

"那叔叔做什么研究呢？"可可突然来了兴趣。

"你问他呀。"静静怂恿可可去问。

"叔叔，"可可走到波波身边，"你平时做什么研究呢？"

"我研究的是用微波背景辐射上面的 B 模式探测暴胀期间的引力波信号，并且限制暴胀的模型。"波波说，"我们现在有很多的暴胀模型，我们可以定义一种参数叫张标比，现在实验中测得的张标比大约是 0.03。这样的话一些模型会被实验给排除，另一些模型会跟实验符合得很好，比如说 Starobinsky 模型。未来这方面会有很多实验项目，比如 CMB-S4 和 LiteBIRD。我们也正在西藏阿里地区建造望远镜。这些实验会给我们更好的张标比的边界。"

可可惊呆了，一段话里就有这么多词他头一次听说。他很想问这些词是什么意思，但又不好意思问。

静静和粒粒看见可可目瞪口呆的样子，又看了看波波很想讲又讲不出来的样子，突然一起笑了起来。"你讲的小朋友听不懂——"她们的声音拖得老长，笑得停不下来。平时在家的时候，波波总看见粒粒和静静讨论物理很开心的样子，也想参与进去，但是他讲的东西静静听不懂，因为那些专业的词汇，他已经没办法用普通人能理解的语言来解释了。他只能跟自己的同行进行有效的沟通，根本不知道怎么跟自己领域以外的人沟通。每次波波给静静讲完，粒粒和静静就会像刚才一样大笑并且说："你讲的小朋友听不懂——"粒粒会给静静重新讲一遍，静静就理解了。

波波和可可都觉得有些尴尬。可可的目光移向静静。静静知道那熟悉的目光意味着什么，但仍然明知故问："你是想让我来给你讲吗？"

可可的头低了下去。他想着至少自己可以先问个问题，但是那一大段话他根本听不懂，也不知道从何问起，于是他从第一个听不懂的名词开始了。

"什么是微波背景辐射？"他问。

"你有没有想过我们这个世界 7 年前是什么样子?"静静反问。

"这……我不记得了。"可可感觉这个问题有点难度,他顿了顿,说,"但是跟现在应该差不多。"

"2 亿年前呢?"静静继续问。

"那时候地球上都是恐龙。"可可想起自己以前看过的科普书,对这些数字还有印象。

"45 亿年前呢?"静静又问。

"那时候地球刚刚诞生。"可可回答。

"137 亿年前呢?"静静继续追问。

可可不知道了。那时候连地球都没有,世界会是什么样子的呢? 他眼睛转而望着天上,冥思苦想。他注意到天色渐渐暗了下来,夕阳的余晖染红了云朵,云朵变成了彩色的棉花糖的样子。他心想,要是能把云朵摘下来吃该多好。他低头看看湖面,湖面上已经没有了刚才波光粼粼的感觉,湖水的光泽暗淡下来。他看见了湖里面的水草,那水草好像变成了海带,他恨不得一口咬下去。

静静还在等着可可的回答,但可可只是到处张望,好像一切都变成了美食。粒粒仿佛早已看出可可的心思。"哎,这么晚了,要不可可到我们家吃饭吧。"粒粒有些犹豫,但还是说出了口。她不擅长做饭,波波做的饭更是会令外人无法下咽。但好在他们一家三口似乎对吃的东西挑剔度极低,在外人看来难以下咽的食物他们也能吃得津津有味。

波波之前在欧洲读博士，一个人生活的时候总是把所有东西一股脑放进电饭煲，甚至连蔬菜都不切，就跟生米一起扔进去煮。煮出来的青菜变成了黄黑色，他也不想那么多，直接舀出来吃了。自从跟粒粒生活在一起之后，他觉得自己的生活质量提升了一个数量级。

听到粒粒的邀请，可可很开心，便欣然同意。回去之后，他先回到自己家，问木木和电电自己能不能去静静的家里吃饭。得到同意之后，他就来到了静静家里。

"我做的饭可能有点不好吃……"粒粒有点不好意思，说着她看着波波。波波知道她是什么意思，于是掏出手机开始搜索菜谱。粒粒也掏出手机搜索做菜视频。他们找到了一个法式洋葱汤的菜谱，打算照着做。

可可把头凑近波波和粒粒的手机，看了一眼，突然笑了起来，然后大声说："我来吧。"他打开冰箱，在里面搜罗了一番，找到了洋葱、胡萝卜、豌豆、紫色玉米，然后他又到处寻找调料，却只发现了油和盐，于是飞速跑回家里拿来了七八瓶不同的调料。

他把油倒进锅里，加入洋葱开始炒。静静在旁边看着，指着锅里的洋葱说："137 亿年前，我们的世界就像这样子。"

刚才在湖边聊的话题可可早就抛到了九霄云外，听到静静的话，可可大吃一惊，静静居然还惦记着这事儿！

"什么?"可可惊呆了,"为什么你会说我们的世界就像这样子?"

"我们的世界,我们把它叫作宇宙,最开始很小很小,到后来一直膨胀,才有了现在这么大。"静静不慌不忙地解释,眼睛仍然盯着锅里的洋葱。油越来越热,锅里的洋葱开始微微变黄。"宇宙最早的时候温度很高。"

锅里的洋葱开始变成褐色的时候,可可又把胡萝卜、豌豆和玉米加进去炒,过了一会儿,又把水倒了进去,然后盖上透明的锅盖。

静静注视着锅中的食物,过了一会儿,里面的水开始沸腾。

"早期的宇宙经历了电弱相变和 QCD 相变两次相变。"静静说。

"什么是相变?"可可问。

静静指着锅里沸腾的水,说:"比如说烧开水就是一种一阶相变。水是液相,水蒸气是气相,水从液相变成气相的时候会吸热,但是不升温,在一个标准大气压下,水的沸点总是 100 摄氏度。"

"但是跟烧开水不同的是,我们并不知道电弱相变和 QCD 相变是一阶的还是二阶的,甚至连严格意义上的相变都不算,就轻轻'滑'过去了。在电弱相变的时候,粒子通过希格斯机制获得了质量。"静静接着解释。

可可无法理解这些,因为没有听过的名词太多了。而且,虽然他对这些东西有兴趣,但对美食的兴趣显然超越了这些。静静讲的东西他一会儿就忘记了。他开始仔细研究他拿过来的那些调料瓶，并且凭自己的感觉每种调料都放了一些。他仔细地闻着空气中弥漫的食物的香味，用勺子小心翼翼地舀出来一小勺汤尝了一下，随后又添加了一点点调料。他把锅盖盖上，又煮了一小会儿之后，就把锅端到了桌子上。波波和粒粒赶紧把四人的餐具摆好。

"QCD 相变的时候，夸克从渐进自由态变成了禁闭态。"静静继续说。

"夸克是什么?"可可把锅盖掀开。从来都对美食提不起特别大兴趣的波波、粒粒和静静突然闻到一股很诱人的香味。升腾的蒸汽在餐厅灯光的照耀下给那锅汤增加了一些朦胧的色彩。他们同时赞叹起来。

"哇!"

他们觉得可可很特别。那味道闻着就好吃，他们从来没有在任何一家餐馆、食堂，或是其他任何地方有过这样的感觉。他们很想赞叹，但是找不到任何语言，于是只能说一声"哇"。可可显然也沉醉于自己的杰作当中，但他仍然问了那个问题。

"任何东西，比如说桌子、椅子、筷子、碗，都是由分子或者原子组成的，原子又是由原子核和核外电子组成的，原子核又是由质子和中子组成的，质子和中子都是由夸克组成的。夸克有三种颜色，红、绿、蓝。"静静指着锅里的胡萝卜、豌豆和紫色玉米粒对可可说。

"但是要注意的是，这里的颜色不是真正的红、绿、蓝三种颜色哦！这里的颜色更像是一种荷，代表夸克的性质，就类似于电子带负电荷，质子带正电荷的那种荷。"波波看见静静指着那几种颜色，生怕可可有什么误会，于是和颜悦色地补充说明了一下。

"早期宇宙的时候，温度特别高，那时候夸克能量很大，都是自由的。早期宇宙就是一碗夸克胶子等离子体汤。"说着，静静用勺子舀了一大勺汤，迫不及待地盛进自己的碗里，然后把碗端到嘴边准备一口喝掉。

"小心，现在很烫！"可可赶快阻止了静静。

静静回过神来。刚才讲课入迷了，她没有想过那汤烫不烫的问题。她想了想，继续说："是的，那汤很烫，能量高达 150MeV。相变之后，夸克与夸克结合在了一起，形成了重子，"静静从碗里夹出三粒"夸克"，也就是蔬菜丁，放在旁边的空盘子里，"或者介子。"静静又夹出两粒"夸克"放在另一个盘子里。

"这是什么?"可可指着那三粒放在一起的"夸克"。

"这是质子或者中子。"静静回答道，"质子和中子都是由三个夸克组成的。夸克有 u，d，c，s，t，b 六种，其中 u，c，t 带 2/3 的电荷，而 d，s，b 带 $-1/3$ 的电荷。两个 u 和一个 d 组成了电荷为 1 的质子，而一个 u 和两个 d 组成了电荷为 0 的中子。"

"你说的是价夸克。事实上，质子里面除了价夸克之外，还有无数的正反夸克对，这些被称为海夸克。"粒粒在一旁补充道，并

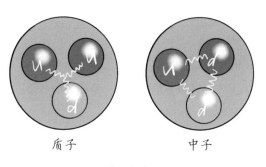

质子　　　　　中子

质子和中子

小心翼翼地用筷子夹出来一些"夸克"，每两个摆在一起，放在那三个的旁边。过了一会儿，盘子里除了静静夹进去的三个"夸克"以外，又多了很多很多的"正反夸克对"。

接着，粒粒从旁边拿过来一瓶芝麻酱，倒在"夸克"上面，说："除了夸克之外，质子和中子里面还有传递夸克之间的相互作用的东西，叫作胶子。"

那汤渐渐变得不那么烫了。几人纷纷从锅里舀了一些到自己碗里面。波波、粒粒和静静都觉得尝到了这辈子吃过的最好吃的东西。

"这个夸克有一点点酸，真好吃！"波波惊呼。

"这个夸克有一点点甜，真好吃！"粒粒惊呼。

"这个夸克有一点点辣，真好吃！"静静惊呼。

"原来夸克有三种味道！"可可明白了。

延伸阅读

比较三个价夸克的质量和一个质子的质量，你发现了什么？

质子的质量约为 $1.6726×10^{-27}$ 千克，根据爱因斯坦的质能方程 $E = mc^2$，我们更习惯于用能量的形式来表示，约为 $938.272\mathrm{MeV}/c^2$（eV 是能量单位电子伏特的符号，MeV 表示兆电子伏特）。质子由两个上夸克与一个下夸克组成，这三个价夸克的静止质量之和约为 $9.4\mathrm{MeV}/c^2$。也就是说，组成质子的夸克的质量仅占质子质量的约 1%。按照我们日常生活中得出的经验，整体等于部分之和，为什么质子不符合这样的规律呢？

这就要从夸克之间的"黏合剂"胶子说起了。根据量子力学理论，夸克是不能互相吸引的，它们必须靠一种叫作胶子的粒子提供强力将其黏合在一起。但是胶子的质量为零，也就是说胶子本身的质量对质子的质量并没有贡献。虽然胶子没有质量，但它们仍然具有能量。回到爱因斯坦的质能方程 $E = mc^2$，能量可以等效为质量。因此，是胶子的能量贡献了质子的绝大部分质量。

4.3　香蕉

"那 QCD 相变之后发生了什么事情？"可可来了兴趣。

"之后就是中微子从这锅热汤里面跑出来了。"静静说。

"中微子是什么东西？"可可问。

"中微子是一种基本粒子。"静静说。

"我们的周围有中微子吗？我怎么没有感觉到！"可可想起静静刚才说的话，环顾四周，看着静静家的桌子、椅子。他心想，这些东西都是由分子或者原子组成的，而原子是由核外电子和原子核组成的，原子核是由质子和中子组成的，质子和中子里面有夸克和胶子。他想知道中微子在静静家的哪里。

"中微子到处都是。"静静说着，拿出桌上的香蕉咬了一口。粒粒给可可、波波和自己也一人分了一根香蕉。

"比如说香蕉里面就含有一种天然的放射性元素钾-40（$^{40}_{19}\text{K}$）。钾-40 有 19 个质子，21 个中子。钾-40 有可能发生核反应，就是一个中子变成一个质子、一个电子和一个反中微子（$n \rightarrow p^+ + e^- + \bar{\nu}_e$，其中，n 对应中子，$p^+$ 对应质子，e^- 对应电子，$\bar{\nu}_e$ 对应反中微子）。

"这时候钾-40 减少了一个中子，增加了一个质子，变成了钙-40（$^{40}_{20}\text{Ca}$）。有约 89.28% 的钾-40 都会发生这样的反应。另外约 10.72% 的钾-40 会衰变成氩-40（$^{40}_{18}\text{Ar}$）。这是因为钾-40 原子核中的质子有可能捕获一个电子而变成中子，放出一个中微子（$p^+ + e^- \rightarrow n + \nu_e$）。

"钾-40 的平均半衰期大约是 12 亿 5000 万年。每克天然钾的放射性活度约为 31 贝可勒尔（放射性活度的单位，符号为 Bq），也就是说每秒钟每克天然钾会发生约 31 次这样的反应。一根香蕉里面有约 0.5 克天然钾，所以，每秒钟这根香蕉中会放出大约 15 个中微子。"

静静说完，又咬了一口香蕉。

"那放出的中微子会去哪里呢？"可可问。

"因为中微子和其他物质的相互作用非常小，所以中微子几乎会一直沿着直线走。甚至太阳里面的中微子都很容易从太阳的中心顺利到达太阳的表面，还能来到地球上面。"静静说，"这些太阳里跑出来的中微子会告诉我们太阳里面发生了什么事情。事实上，太阳里面发生着这样的核聚变反应：$4p \rightarrow {}^4\text{He} + 2e^+ + 2\nu_e + 26.73\text{MeV}$。"

"书上告诉你，太阳里面的核聚变反应会放出大量的光和热。但是我们只能看到太阳的表面，要不是这些中微子从太阳的中心跑出来告诉我们太阳的秘密，我们怎么知道太阳里面真的发生了这样的过程，而不是其他的核反应或是其他物理变化、化学变化呢？"

"所以说，从早期宇宙的热汤里面偷偷跑出来的中微子，会告诉我们宇宙在宝宝时期的秘密喽！"可可总结道。

"这就是宇宙中微子背景辐射。"波波在旁边说，"这种中微子背景辐射可以告诉我们宇宙宝宝刚刚诞生 2 秒钟时候的样子，只可惜——"

"中微子很难抓到。"可可想起了静静说的，中微子跟其他物质的相互作用极其微弱。

"那中微子从这锅热汤里面跑出来之后呢？"可可来了兴趣。

"宇宙诞生大约 6 秒的时候，早期宇宙的这锅热汤里面的正负电子湮灭了。刚才我们讲到的太阳里面核聚变的产物里就有四个正电子，正电子跟负电子差不多，只是带有跟负电子相反的电荷，也可以叫反电子。正电子和负电子相遇的时候会湮灭，产生两个光子，把正电子和负电子的质量全都转化成了能量。"静静接着说，"这锅热汤里面开始形成原子核。在宇宙诞生开始的前 1 秒里，中子和质子的比例大约是 1：1。但是到 1 秒的时候，也就是刚才说的中微子从这锅热汤里面跑出来的时候，中子和质子的比例变为大约 1：7。接下来又发生了一系列的反应。"

$$p+n \rightarrow {}^2H+\gamma$$
$$p+{}^2H \rightarrow {}^3He+\gamma$$
$${}^2H+{}^2H \rightarrow {}^3He+n$$
$${}^2H+{}^2H \rightarrow {}^3H+p$$

$$^{3}He + {}^{2}H \rightarrow {}^{4}He + p$$

$$^{3}H + {}^{2}H \rightarrow {}^{4}He + n$$

（其中 γ 表示光子。）

　　静静说着，又喝了一口汤。"宇宙诞生 20 分钟之后，氘（^{2}H）的数量就固定了。自然界中的氘全都是宇宙诞生 20 分钟的时候产生的氘。这就是我们宇宙的热大爆炸历史。"

延伸阅读

你知道什么是同位素吗？

　　同位素是指同一化学元素的不同核素。同一种元素的所有同位素都具有相同的质子数目，但中子数目不同。就拿氢元素举例吧，氢有三种同位素，分别是氕（piē）、氘（dāo）、氚（chuān），就像是一家里的三个孩子。氕的原子量最小，只有一个质子，是家里的老三，也是我们最常见到的氢元素。老二是氘，它有一个质子和一个中子。氘来自宇宙大爆炸，由它组成水分子的水叫作重水。在核反应堆中，重水可以作为减速剂和冷却剂。老大是氚，它有一个质子和两个中子。氚是这三兄弟里脾气最火暴的了，它有放射性，会发生衰变，我们常用的夜光钟表里面就常有它的身影。氚的能耐也是最大的，核聚变反应、同位素地球化学示踪剂、自然照明发光材料都少不了它。

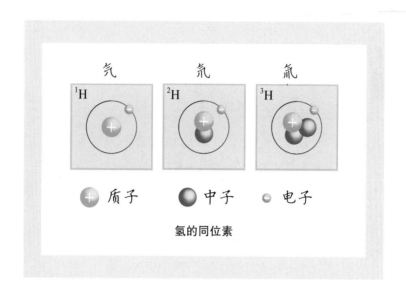

氢的同位素

4.4 气球

"后来呢?"可可来了兴趣。

"光从这锅热汤里跑出来了。那光就是爸爸今天钓鱼的时候给你讲的微波背景辐射。这个时候电子和质子也结合在了一起,形成了氢原子。这个时期也叫作复合时期,大约在宇宙诞生之后38

万年。这些光有不同的偏振模式，我们可以通过这些偏振模式来研究早期宇宙发生了什么样的事情。你还记得偏振吧，我在湖边给你讲过。"

可可恍然大悟，原来从早期宇宙的热汤里面跑出来的光就是波波研究的内容。

"那为什么叫微波呢？跟微波炉有关吗？"几人收拾完之后，可可看见微波炉，突然想起来这个问题。

"是的，早期宇宙的光经过红移之后，现在被观测到的，就是微波波段，跟微波炉里面的电磁波波长差不多。"

"红移是什么？"可可感觉困惑不解。

"我们可见光的光谱里面，红光波长比较长，蓝光波长比较短，所以我们把光的波长变长叫作红移，光的波长变短叫作蓝移。"静静说着，打开灯，拿出一个三棱镜，放在灯光前，家里的墙壁上就出现了小小的彩虹一样的条纹，她的手指在红光和蓝光中间来回比画着，"微波背景辐射是个黑体谱，所有波长的光都会有贡献，但是贡献最多的光的波长跟温度有关。如果是比较热的光源，贡献最多的光的波长就比较短；如果是比较冷的光源，贡献最多的光的波长就比较长。"

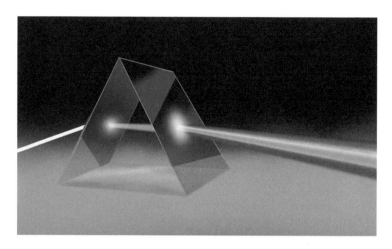

三棱镜

"那为什么会红移呢?"可可继续问。

"造成红移的原因主要有宇宙膨胀、引力或者光源的运动。"静静拿出一个气球,然后用记号笔在气球上画了一条线,用尺子量了一下,"现在这条线长是 2 厘米。"说着,把气球递给了可可。

可可知道这是让自己吹气球的意思,于是开始吹起来。为了防止静静像上回一样一拿到手就放走,可可仔细地扎好气球,递给静静。

静静又拿尺子量了一下。"现在这条线长是 4 厘米。宇宙就相当于这个气球,宇宙膨胀的时候,在宇宙中运动的波因为膨胀被拉长了,所以造成了红移。"

延伸阅读

红移与哈勃定律

20世纪初，美国天文学家埃德温·哈勃发现，他观测到的绝大多数星系的光谱线存在红移现象。这是由于宇宙空间在膨胀，使天体发出的光波被拉长，频率降低，谱线因此"变红"。哈勃发现，不仅所有的星系都同样有红移现象，而且距离越远，所发生的红移就越强烈。由此，他提出了著名的哈勃定律（后来改名为哈勃–勒梅特定律），用公式来表示就是 $v = H_0 D$，其中 v 表示的是星系远离我们的退行速度，而 D 表示星系的距离，H_0 则是哈勃常数。

哈勃定律在宇宙中的任何一个观测点都成立，我们的银河系在宇宙中其实没有任何特殊之处。换言之，站在宇宙中的任意位置观察，都会发现其他所有星系正在离你远去。这是怎样一种概念呢？不妨想象一个气球，在上面任意用记号笔标注一个观测点，然后给这个气球打气，这时，无论你所画的观测点在气球的哪个位置，你都会观察到，气球上所有其他点正在远离你的观察点。这个气球就相当于我们所观测到的宇宙，所有的星系都在互相远离，从而可以得出这样一个结论：我们所处的整个宇宙正在膨胀中。

4.5　音乐

"另外一个原因是光源的运动，这种效应叫多普勒效应。声波也有类似的效应。"静静说着，走到客厅的钢琴旁边弹了一下。

那不是救护车的声音吗？可可心想。

"比如说，现在你听到的救护车的声音是这样子。但是你闭上眼睛再听一听。"静静移高半个音，又弹了一遍相同的旋律，还做出了渐强的效果。

"现在这辆救护车好像在朝我开过来。"

"那现在呢？"静静又在最开始的音的基础上移低半个音，弹了一遍相同的旋律，并且做出了渐弱的效果。

"现在这辆救护车好像正在离我远去。"

"对，当救护车朝你驶来的时候，你会听到救护车的音调变高；而救护车离你远去的时候，你会听到救护车的音调变低。"静静进一步解释道。

静静很早就显现出很强的音乐天赋。一次妈妈带着她出门办事的时候，她就问了妈妈一个问题："为什么救护车的高音之前是 B5，后来变成了升 A5 呢？"妈妈惊呆了，因为静静说出来的是准

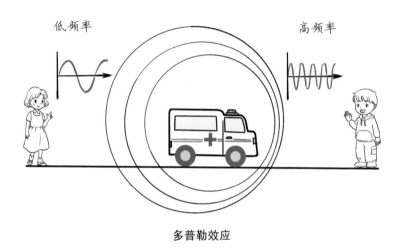

多普勒效应

确的音名。虽然妈妈钢琴弹得很好，但毕竟不是专业的，她担心自己教不好静静，对静静的习惯造成不良影响，于是后来妈妈请了很专业的钢琴老师教静静钢琴。钢琴老师也惊呆了，因为静静似乎能自如地变换歌曲的调子。正因如此，班里演出时总是找静静伴奏，因为班里唱歌的同学总是会尝试不同的调，但多数钢琴弹得很好的同学对于随意移调非常不熟练。每当唱歌的同学发觉自己在高音区唱不上去的时候，就会说："可以低一点吗?"静静就会移低半个音。有的同学会发现低音部分太低了，就会要求静静移高半个音。静静每次稍稍练习一下就能够弹出完整的伴奏了。

　　弹完救护车的声音之后，静静似乎意犹未尽。她又随手弹了一首莫扎特的钢琴奏鸣曲 K.545。波波和粒粒显然都被这优美的旋律吸引了，他们搬来凳子在旁边看。波波觉得那音乐像水一样流淌，时而像银铃一般清脆，时而像小鹿在轻快地跳跃，时而像孩子在捉迷藏，时而又像小鸟在树林里叽叽喳喳地唱歌。后来，那琴声变得忧郁起来，如怨如慕，如泣如诉。到最后，那琴声又仿佛是一个人在不紧不慢地散步，不紧不慢地低语。

　　波波觉得那声音仿佛进入了自己的心里。他闭上眼睛，眼前似乎出现了很多正在振动的琴弦，那些弦的边界是固定的，每种弦都不一样，声音低沉的弦在进行大的振动，声音高亢的弦进行着许多小段的振动。后来，那些弦的边界不再固定，波波的眼前似乎又出现了宇宙，那些弦在宇宙中到处飘了起来，似乎随着宇宙的膨胀被拉长了。

延伸阅读

音乐与十二平均律

人类的三大乐器类别为弦乐、管乐和打击乐。其中弦乐利用琴弦的振动发出声音，振动频率越高，音调就越高，而振动频率由琴弦的材质、长短、粗细来决定。如果有两根材质、粗细完全相同的弦，A 弦只有 B 弦长度的一半，那么 A 弦振动的频率大约是 B 弦的两倍。科学家通过观察发现，如果连续排列的弦的长度呈等比例关系的话，弹奏出的声音最好听。这没有什么特别的原因，人类这个物种就是喜欢各个音的振动频率尽可能呈简单整数比的音乐。科学家研究发现，除了完全相同的两个音，人类感到最和谐的两个音的频率比是 1 : 2，此时两个音的音调听起来完全和谐，被称为"一个八度"。

在一个八度内建立音阶，那就要提起"十二平均律"了。我国古代典籍《国语》中提到了十二律，书中将一个八度分为了十二个律，从低到高名称分别为"黄钟、大吕、太蔟、夹钟、姑洗、仲吕、蕤宾、林钟、夷则、南吕、无射、应钟"。其中单数各律称律，双数各律称吕，因此十二律也常称"十二律吕"。

然而那时使用的"三分损益法",导致一个八度内各音的音高是不平均的,使用起来很不方便。

要将一个八度平均分并不是除以 12,而是按照等比数列将它们分成 12 份。这就需要进行极其复杂而周密的计算。据说十二平均律是在 16 世纪由明朝皇族世子朱载堉发现的。朱载堉攻克了等比数列的求解,以及不同进位制的小数换算等难题,最终求得了十二律之间完全平均的音高关系。这一发明不仅解决了音乐领域的一道难题,而且为音乐理论的发展和音乐艺术的创新提供了有力的支持,对音乐艺术的发展产生了深远的影响。

4.6 黑暗时期

"那复合时期之后呢?"可可问。

"复合时期之后整个宇宙进入了黑暗时期。一直到再电离时期,整个宇宙陷入了一片黑暗。"静静说。

"那我们怎么知道这段时间发生了什么呢？"可可听了，眼睛往窗外看去。天色已经漆黑，也许，那时候的宇宙就像现在的天空一样吧，黑漆漆的一片。

静静拿来一个乒乓球，用记号笔在乒乓球上画了一个箭头，又拿来房间里面的健身球，坐在了上面。

"之前我提到，那时候宇宙中形成了氢原子。按照质量计算，整个宇宙中约 73% 都是氢原子，还有约 25% 是氦原子。氢原子是由氢原子核（也就是一个质子）和一个电子组成的。电子在原子核周围做一些看起来没有规则的运动，它的运动规律就要涉及量子力学了。电子可能有很多种运动状态，不同的运动状态对应了不同的能量，我们称之为能级。电子有可能从一种运动状态变成另一种运动状态。如果电子从能量较高的运动状态变成能量较低的运动状态，电子就会辐射出一个光子。这个光子具有特定的能量，这个能量就是这两个能级的能量差决定的。如果我们把电子和原子核都视为质点的话，这个简单的氢原子就形成了 $n = 1, 2, 3, 4 \cdots$ 很多的能级。当然电子是有自旋的，所以如果考虑到电子的自旋的话，这些能级会进一步分裂，形成精细结构。再考虑到原子核的影响，这些能级会再进一步分裂，形成超精细结构。氢原子在两个超精细能级之间跃迁的时候，会发射出特定的波长 21 厘米的光。这些光能告诉我们宇宙的物质分布信息，因为这些光产生之后，会在宇宙中穿行，当它们遇到宇宙中的一些物质的时候，这些物质可能会吸收这些光。这样，我们最后看到的光谱中会产生一些暗线，我们就能通过这些暗线知道宇宙中某个地方有某种物质，还可以根据暗线红移了多少来推测宇宙中的这团物质距离我们有多远。"静静显然沉浸在了自己的讲述中,她没有注意到可可眼神中透露出的迷茫。

突然,门铃响了,可可有了一种解放了的感觉。他很想跟上静静的思路,但是他没听懂的东西太多了。于是他径直走向门口。

按门铃的是电电。

"静静,来我们家玩吗?今天咱们放烟花。"电电盛情邀请静静。电电很喜欢静静,觉得静静似乎什么都懂,并且总是耐心解答所有向她求助的同学的问题。她很高兴自己的儿子有这么好的同桌和邻居,所以常常邀请静静来自己家里玩各种好玩的东西。

静静当然很开心。静静的父母工作都很忙,经常没时间照顾她,为了让静静能有自己的事情做,他们很早就教静静识字了。静静在四五岁的时候就已经可以看纯文字的书了,少部分不认识的字她也能猜个八九不离十,并不影响阅读。家里除了书并没有什么好玩的东西,于是她的童年经常与书为伴。她尤其喜欢物理书,但是物理书上的很多东西她也是只在书上见过。而可可家仿佛总是有很多神奇的东西,就连爷爷的房间里也没有。她能看见很多那些只在书上看过的东西,在书上看和真正拿在手里总是有不一样的感觉,她对那些东西爱不释手。

静静和可可来到家门口的空地上,摆好了烟花。"嗖"的一声,烟花腾空而起,仿佛一朵又大又亮的鲜花在空中倏然绽放,又渐渐散开,与浩瀚的星空融为一体。静静与可可看着这一幕,像波波与粒粒一样,思绪随着烟花一起漫游在无垠的宇宙中。

延伸阅读

21 厘米线的频率是多少？

回答这个问题需要用到的公式是 $c = \lambda f$，即光速 = 波长 × 频率。光速 $c \approx 3 \times 10^8$ 米每秒，波长我们已知为 21 厘米，换算成米就是 0.21 米。这样，我们就可以得到 21 厘米线的频率 $f = \dfrac{c}{\lambda} \approx \dfrac{3 \times 10^8}{0.21} \approx 1.43 \times 10^9$ 赫兹（频率的单位，符号是 Hz）。

附录 1：名词详解

干涉：两列或两列以上的波在空间中相遇时发生叠加，从而形成新波形的现象。

波峰：在一个波长的范围内，波振幅的最大值。

波谷：与波峰相反，在一个波长的范围内，波振幅的最小值。

相长干涉：若两波的波峰（或波谷）同时抵达同一地点，称两波在该点同相，干涉波会产生最大的振幅，这一过程称为相长干涉。

相消干涉：若两波之一的波峰与另一波的波谷同时抵达同一地点，称两波在该点反相，干涉波会产生最小的振幅，这一过程称为相消干涉。

振幅：波动或振动中距离振荡中心的最大位移。

熵：一个描述系统热力学状态的函数，是系统混乱程度的量度。

热力学第二定律：孤立系统自发地朝着热力学平衡方向——最大熵状态演化。

电荷：构成物质的基本粒子的一种物理性质。

电压：衡量单位电荷在静电场中由于电势不同所产生的能量差的物理量。

直流电：电流方向恒定的电流。

交流电：电流大小和方向发生周期性变化的电流，在一个周期内的平均电流为零。

湍流：一种流体运动，其特征是压力和流速的无序变化。

层流：一种流体运动，当流速很小时，流体分层流动，互不混合或少部分混合。

单摆：一种能够往复摆动的装置，将无重细杆或不可伸长的细柔绳一端悬于重力场内一定点，另一端固结一个重小球，就构成单摆。

半衰期：一个放射性同位素样本内，其放射性原子衰变至原来数量的一半所需的时间。

溶解度：定温、定压时，每单位饱和溶液中所含溶质的质量。

光的折射：光从一种介质斜射入另一种介质时，传播方向发生改变，从而使光线在不同介质的分界面发生偏折的现象。

折射率：光在真空中的速度与光在当前介质中的速度之比。

费马原理：光传播的路径是光程取极值的路径。

沸点：液体沸腾时的温度。

气压：作用在单位面积上的气体压力。

标准大气压：在标准大气条件下海平面的大气压。

表面张力：液体表面层由于分子引力不均衡而产生的沿表面作用于任一界线上的张力。

非牛顿流体：不满足牛顿黏性定律的流体，即剪切应力与剪切应变率之间不是线性关系的流体。

动量：物体的质量和速度的乘积，用于描述物体运动状态。

矢量：既有大小也有方向的量。

标量：只有大小没有方向的量。

力矩：描述力对物体产生的转动作用的物理量。

转动惯量：一个物体对于其旋转运动的惯性大小的量度。

冲量：作用在物体上的力在时间上的累积效果。

浮力：物体浸入液体后，与所受重力相反的竖直向上的力。

热机：能够将热源提供的一部分热量转化为对外输出的机械能的机器。

洛伦兹力：运动电荷在磁场中所受到的力。

偏振光：光矢量的振动体现出特定的方向性的光。

偏振片：可以使天然光变成偏振光的光学元件。

夸克：一种基本粒子，也是构成物质的基本单元。

质子：构成原子核的基本粒子之一，由两个上夸克与一个下夸克组成。

中子：构成原子核的基本粒子之一，由两个下夸克与一个上夸克组成。

中微子：一种电中性的基本粒子。

同位素：质子数相同而中子数不同的同一元素的不同核素互称为同位素。

红移：电磁辐射由于某种原因波长增长、频率降低的现象，在可见光波段，表现为光谱的谱线朝红端移动了一段距离。

哈勃 - 勒梅特定律：遥远星系的退行速度与它们和地球的距离成正比。

多普勒效应：波源和观察者有相对运动时，观察者接收到的波的频率与波源发出的波的频率不相同的现象。

能级：微观粒子由于内部状态不同产生的分立且确定的能量差别。

附录2：元素周期表

族→
↓周期

周期＼族	1	2	3	4	5	6	7	8	9	10	11	12	13	14	15	16	17	18
1	1 H 氢																	2 He 氦
2	3 Li 锂	4 Be 铍											5 B 硼	6 C 碳	7 N 氮	8 O 氧	9 F 氟	10 Ne 氖
3	11 Na 钠	12 Mg 镁											13 Al 铝	14 Si 硅	15 P 磷	16 S 硫	17 Cl 氯	18 Ar 氩
4	19 K 钾	20 Ca 钙	21 Sc 钪	22 Ti 钛	23 V 钒	24 Cr 铬	25 Mn 锰	26 Fe 铁	27 Co 钴	28 Ni 镍	29 Cu 铜	30 Zn 锌	31 Ga 镓	32 Ge 锗	33 As 砷	34 Se 硒	35 Br 溴	36 Kr 氪
5	37 Rb 铷	38 Sr 锶	39 Y 钇	40 Zr 锆	41 Nb 铌	42 Mo 钼	43 Tc 锝	44 Ru 钌	45 Rh 铑	46 Pd 钯	47 Ag 银	48 Cd 镉	49 In 铟	50 Sn 锡	51 Sb 锑	52 Te 碲	53 I 碘	54 Xe 氙
6	55 Cs 铯	56 Ba 钡	镧系	72 Hf 铪	73 Ta 钽	74 W 钨	75 Re 铼	76 Os 锇	77 Ir 铱	78 Pt 铂	79 Au 金	80 Hg 汞	81 Tl 铊	82 Pb 铅	83 Bi 铋	84 Po 钋	85 At 砹	86 Rn 氡
7	87 Fr 钫	88 Ra 镭	锕系	104 Rf 鈩	105 Db 𬭊	106 Sg 𬭳	107 Bh 𬭛	108 Hs 𬭶	109 Mt 鿏	110 Ds 𫟼	111 Rg 𬬭	112 Cn 鿔	113 Nh 鿭	114 Fl 𫓧	115 Mc 镆	116 Lv 𫟷	117 Ts 鿬	118 Og 鿫

镧系元素

57 La 镧	58 Ce 铈	59 Pr 镨	60 Nd 钕	61 Pm 钷	62 Sm 钐	63 Eu 铕	64 Gd 钆	65 Tb 铽	66 Dy 镝	67 Ho 钬	68 Er 铒	69 Tm 铥	70 Yb 镱	71 Lu 镥

锕系元素

89 Ac 锕	90 Th 钍	91 Pa 镤	92 U 铀	93 Np 镎	94 Pu 钚	95 Am 镅	96 Cm 锔	97 Bk 锫	98 Cf 锎	99 Es 锿	100 Fm 镄	101 Md 钔	102 No 锘	103 Lr 铹